BIBLIOTHÈQUE DES SALONS

LE NOUVEAU
LANGAGE
DES FLEURS

DES DAMES ET DES DEMOISELLES

PAR

Mᵐᵉ LA BARONNE DE FRESNE

Orné de 18 figures coloriées

DEUXIÈME ÉDITION, REVUE ET CORRIGÉE

Prix : 1 franc.

PARIS

A. TARIDE, LIBRAIRE-ÉDITEUR
2, RUE DE MALENGO
Ancienne rue du Coq-Saint-Honoré

1859

LE NOUVEAU

LANGAGE DES FLEURS

DES DAMES ET DES DEMOISELLES

SUIVI DE

LA BOTANIQUE A VOL D'OISEAU

PAR

Mme LA BARONNE DE FRESNE

Auteur de l'Usage et de la Politesse dans le monde.

Quarante-huit Gravures coloriées

DEUXIÈME ÉDITION, REVUE ET CORRIGÉE

PARIS

ALPH. TARIDE, LIBRAIRE-ÉDITEUR

2, RUE DE MARENGO

(Ancienne rue du Coq-Saint-Honoré)

1859

A MES NIÈCES

Je vais vous faire l'histoire de nos sœurs, de nos amies et de nos rivales, c'est-à-dire des fleurs, de ces jolies compagnes que nous aimons toutes, qui sont pour nous tantôt une espérance, tantôt une joie, tantôt un regret, et qui sont aussi quelquefois notre seul bonheur et notre seule affection ici-bas; je vous dirai un mot sur chacune sans vouloir pénétrer trop avant dans le mystère de leur vie privée. Je sais que je parle des fleurs, et, en historienne délicate, je ne ferai qu'*effleurer* ce sujet et ne vous dirai rien que ce que je puis vous apprendre. Je ne veux pas troubler ces paisibles filles de nos jardins, et ne veux pas non plus avoir pour ennemis ni les méchants frelons, ni les terribles abeilles, ni même les volages papillons; je ne vous parlerai presque pas de leurs mœurs, je ne veux

vous causer que de leurs langages, car, vous le savez,
ces dames ont deux langages : un que seules elles com-
prennent, et l'autre que nous connaissons; le premier est
tout à fait intime, et nous le *sentons* si nous ne l'enten-
dons pas, car les parfums divins que nous respirons avec
délices ne sont rien autre chose que leurs souffles purs
et leurs haleines embaumées. Est-ce la faute à l'oiseau
si ses notes ressemblent au plus harmonieux des chants?
est-ce la faute à la fleur si son langage est un suave
parfum?

Quant à l'autre langage, sans faire un gros volume et
sans vous fatiguer par une nomenclature inutile et qui
serait par trop bas-bleu, je vais vous l'apprendre. Vous
me remercierez seulement le jour où vous recevrez un
bouquet qui signifiera bien des choses qu'on n'osait pas
vous dire tout haut; alors vous penserez à la vieille baronne qui pour vous avait rassemblé toutes ses *fleurs* de
rhétorique; et maintenant qui m'aime me suive, je prends
la clef des champs.

Baronne DE FRESNE.

DÉDICACE

—∘∘∘—

A

Madame A. Czynsky

Plus modeste que la violette, plus pure que le lis et plus parfumée que la rose, il y a une fleur charmante qui croît dans la chaumière de l'exilé; c'est celle qui change son désert en une délicieuse oasis.

B. DU FRESNE.

Madame de Fresne, dans son grand désir de plaire à la jeunesse, ne s'était pas contentée de faire son *Petit cours de Politesse*, que nous avons publié dernièrement; elle avait composé *pour ses nièces* le *Langage des fleurs* : le succès de la *Politesse* nous encourage à faire paraître cette seconde œuvre, qui, ne l'oubliez pas, n'avait pas été écrite pour le monde, mais pour des amis; ne soyez donc pas trop sévère, et, si le livre vous ennuie, regardez-en les jolies gravures: comme disait madame de Fresne : il n'y a pas de roses sans épines.

(Note de l'Éditeur.

LANGAGE

DES FLEURS

A

ABSINTHE ou CITRONELLE. Absence, peines de cœur, tourments d'amour. — Plante aromatique qui croît dans le Midi; c'est la plus *amère* des plantes, aussi en a-t-on fait le symbole de l'absence qui remplit le cœur d'amertume.

Son nom, en grec, signifie *sans douceur*.

ACACIA ROBINIER. Amour platonique, affection pure, amour éprouvé. — Arbre gracieux, originaire du Canada et du Sénégal. Le botaniste Robin, qui, le premier, l'a importé en Europe, lui a donné son nom. Chez les sauvages de l'Amérique il fut toujours le symbole d'une affection pure, peut-être en raison de la délicieuse gomme qu'il fournit.

ou plutôt à cause du parfum de ses fleurs, analogue à celui de la fleur d'oranger, de la douce fraîcheur et du calme que procure son ombre légère.

ACACIA ROSE. Élégance. — La parure de cet arbre, d'une coquetterie charmante, ses grappes retombantes, aux supports fragiles, sa fraîcheur et la grâce de ses attributs, ont fait de l'acacia rose le plus élégant de nos arbustes.

ACANTHE. Arts. — L'histoire rapporte que la nourrice d'une pauvre jeune fille, morte quelques jours avant son mariage, avait placé respectueusement sur sa tombe un petit panier qui contenait quelques fleurs et le voile qui devait parer la jeune fille au jour de ses noces; une large tuile couvrait le panier; une plante d'acanthe, croissant près de là, entoura bientôt le panier, mais les feuilles, arrêtées par la tuile, s'arrondirent et formèrent une décoration naturelle.

L'architecte Callimaque, en visitant les tombeaux, aperçut ces feuilles gracieuses qui lui donnèrent l'idée d'en faire le chapiteau de la colonne corinthienne.

La plante que les arts imitent si parfaitement est devenue leur emblème.

ACHILLÉE MILLE FEUILLES. Guerre. — Cette plante, qui porte le nom du célèbre guerrier grec, cicatrise les plaies que le fer a produites. C'est avec l'achillée que le vainqueur d'Hector guérit les blessures de Téléphe.

ADONIDE, dite MUSCATELLINE. Tendres et

douloureux souvenirs. — La Fable rapporte que, lorsque Adonis mourut sous les dents du sanglier, la belle Vénus versa des larmes amères sur son malheureux sort. La terre but ses larmes et se couvrit aussitôt de ces fleurs brillantes qui ressemblent à des gouttes de sang.

ADOXA. Muscatelline; faiblesse. — En grec *adoxa* signifie sans gloire ou sans éclat. Cette plante répand un parfum de muse si léger, que les personnes les plus délicates le respirent avec plaisir. C'est cette faible odeur qui l'aura faite le synonyme de faiblesse

AGAVÉ. Sûreté, circonspection. — Jolie liliacée d'Amérique, analogue à l'aloès, à feuilles tranchantes ou épineuses sur les bords. Son nom signifie admirable.

AGNUS CASTUS. Froideur, vivre sans aimer. — Arbrisseau dont la semence est rafraîchissante. Les prêtresses de Cérès formaient leur couche virginale des branches de cet arbrisseau. Plus tard les religieuses burent une eau distillée de ses rameaux, source de pureté qui rafraîchit l'âme et le corps; les moines eux-mêmes portaient des couteaux dont le manche était d'*agnus castus*.

AGRIMOINE ou RELIGIEUSE DES CHAMPS. Reconnaissance. — Campanule gracieuse dont les fleurs ressemblent aux petites clochettes des moines. En vertu de ses principes salutaires et bienfaisants, on a fait de cette fleur le symbole de la reconnaissance.

AIRELLE ou MYRTILLE. Trahison. — Petit arbrisseau dont les baies noires tachent perfidement les lèvres et la figure en noir, sans qu'on s'en aperçoive au premier moment.

ALIZIER. Accords. — L'alizier est devenu l'emblème de l'harmonie, probablement parce que son bois sert à faire divers instruments de musique.

ALLELUIA (OXALIS). Joie. —Petite plante qui fleurit vers Pâques, à l'époque où l'église catholique commence à chanter Alleluia; ses fleurs et ses feuilles s'inclinent chaque soir; mais, aux premiers rayons du jour, elle semble se réveiller, ses fleurs s'épanouissent comme pour remercier le Seigneur et pour exprimer la joie de revoir le soleil.

ALOÈS BEC DE PERROQUET. Caquet, trouble, confusion. — La ressemblance de la plante avec l'oiseau bavard en a fait l'emblème du caquetage.

ALOÈS SUCCOTRIN. Amertume et douleur. — Plante grasse à feuilles très-épaisses, qui croît dans les déserts de l'Afrique et dont le suc est très-amer.

ALYSSE SAXATILE ou CORBEILLE D'OR. Tranquillité. — L'alysse, qui croît dans les rochers, comme le porte son nom, a, de tout temps, servi pour calmer les douleurs des maladies nerveuses; de là on en a fait l'emblème de la tranquillité.

AMANDIER. Étourderie. — Aux premiers baisers du soleil, au premier souffle du printemps, cet arbre se couvre de fleurs; mais, hélas! le souffle des zéphyrs glace trop souvent sa brillante parure. L'étourdi n'a pu entendre les trois coups du régisseur, et, pour s'être montré trop tôt au public, il a reçu un accueil glacial.

La Fable rapporte que la belle Phyllis mourut de chagrin sur le rivage en ne voyant pas revenir son amant Demophon, fils de Théis et de Phèdre; mais elle fut changée en un vert amandier.

AMARANTE. Fidélité, constance, immortalité. — Son nom en grec, signifie qui ne se flétrit point. Jolie fleur d'automne, d'un rouge velouté. Les anciens en paraient le front de leurs dieux. L'amarante se portait aussi le jour des funérailles, à cause de son emblème d'immortalité. Clémence Isaure, qui créa les jeux floraux, fit d'une amarante d'or la récompense de l'auteur de la meilleure ode.

> Je t'aperçois, belle et noble amarante !
> Tu viens m'offrir, pour charmer mes douleurs,
> De ton velours la richesse éclatante;
> Ainsi la main de l'amitié constante,
> Quand tout nous fuit, vient essuyer nos pleurs.
>
> Ton doux aspect de ma lyre plaintive
> A ranimé les accords languissants;
> Dernier débris de Flore fugitive,
> Elle nous lègue avec sa fleur tardive
> Les souvenirs de ses premiers présents.
>
> C. Dubos.

AMARYLLIS, ou LIS SAINT-JACQUES, ou

CROIX DE CALATRAVA Fierté. — Cette plante est une des plus belles de nos jardins. La fleur est d'un rouge vif et, au soleil, paraît semée de poudre d'or; ses pétales se relèvent d'une façon régulière, s'écartant comme les bras d'une croix.

ANANAS. Perfection. — Fruit de l'Inde transplanté dans nos climat et cultivé dans les serres; il réunit à la fois l'excellence des parfums et celle de la beauté; il est de plus d'un goût suave et délicieux. Bref, c'est le véritable fruit de l'ancien paradis terrestre; aussi est-il l'emblème de la perfection.

ANCOLIE. Folie. — Jolie fleur garnie de cinq nectaires semblables à des cornets renversés ou plutôt à la marotte de la Folie.

ANÉMONE DES FLEURISTES. Abandon. — Jolie fleur printanière et délicate que le vent flétrit par son souffle trop vif.

La Fable rapporte qu'Anémone fut une nymphe aimée de Zéphir, mais que la jalousie de Flore lui fit abandonner aux caresses de Borée.

Anémone, en grec, dérive de *vent*.

ANÉMONE DES PRÉS. Maladie. — Il y a des provinces où l'on croit que l'anémone des prés empoisonne le vent, et qu'en en respirant les émanations on peut gagner d'affreuses maladies.

ANÉMONE HÉPATIQUE. Confiance. — Emblème de la confiance, parce qu'à son apparition les laboureurs, voyant la terre fleurir, commencent à lui confier les semailles printanières.

ANGÉLIQUE. **Inspiration**. —Cette plante, dont la fleur en ombelle est insignifiante, croît dans les contrées du Nord. Les anciens lui accordaient des vertus merveilleuses et s'en servaient dans leurs enchantements; de nos jours, elle fait le bonheur des confiseurs auxquels elle inspire des plats montés splendides. Les poëtes lapons, avant de se livrer à l'improvisation, se couronnent d'angélique. Elle rappelle aussi le souvenir de cette grande princesse qui préféra le *fidèle berger* Médor (ne pas lire Azor) à tous les paladins. La devise des confiseurs vient de là certainement.

ANSÉRINE AMBROISIE. **Insulte**.—Dans quelques villes d'Italie, on en présente les tiges à ceux qu'on veut insulter.

ARRÊTE-BŒUF ou BUGRANE. **Obstacle**. — Jolie petite papillonacée dont les fleurs sont surmontées d'une petite pointe jaunâtre dure et fine comme une aiguille. Ses racines longues et coriaces s'entrelacent en rampant autour de la charrue et l'arrêtent dans sa marche, ce qui fait le désespoir du laboureur. Mais après l'épine vient la rose, car cette soi-disant mauvaise herbe est une espèce de panacée universelle qui guérit la gravelle, la néphrétique, l'esquinancie, etc.

ARISTÉE DU CAP. **Rigueur**. — Est-ce en raison des difficultés qu'il faut éprouver pour aller la cueillir au cap de Bonne-Espérance?

ARGENTINE. **Naïveté, candeur**. — Espèce

d'œillet sauvage dont la fleur exhale un doux parfum. Le dessous des feuilles est d'un blanc argenté. Est-ce cette couleur ou son parfum, ou n'est-ce pas l'un et l'autre plutôt qui lui ont valu la gloire d'être l'emblème de la candeur.

ARISTOLOCHE. Puissance. — Cette plante est l'emblème de la puissance par sa puissante végétation qui couvre en peu de temps de grands espaces de son ample feuillage; il existe aussi une espèce d'aristoloche dont le suc a la puissance ou le pouvoir de faire mourir les serpents.

ARMOISE. Bonheur. — Herbe qui fleurit vers la Saint-Jean, dont elle porte le nom. Dans les campagnes, la superstition tresse des couronnes d'armoise pour en orner la tête des enfants, afin de les préserver des mauvais esprits.

ARUM GOBE-MOUCHE. Piége. — L'odeur vive de cette plante attire les insectes qui se trouvent pris dans la spathe ou l'enveloppe de la fleur.

ARUM SERPENTAIRE. Horreur. — Ses longues tiges, s'élançant de tous côtés, couvrent le sol comme des serpents entrelacés. Ses fleurs offrent une ressemblance grossière avec la gueule ouverte d'un serpent; elles font éprouver une certaine impression de crainte et d'horreur.

ASPHODÈLE JAUNE. Regrets. — Les anciens plantaient l'asphodèle auprès des tombeaux et en avaient fait la fleur des regrets.

ASTER. Élégance. — Ses fleurs radiées, sem-

1. Aster. p. 16. — 2. Belle de jour. p. 19
3. Primevère. p. 79. — 4. Muguet. p. 66.

blables à l'étoile, lui ont donné son nom. C'est parmi les asters qu'est née la jolie reine-marguerite, un des plus beaux ornements de nos jardins. Cette plante nous vient de la Chine et brille en automne; elle a des fleurs de toutes les couleurs, à l'exception du jaune. Elle s'élève en buissons et en gerbes élégantes.

ASTER A GRANDES FLEURS. Arrière-pensée. — Cette fleur, naissant en automne, quand les autres fleurs disparaissent, semble être une arrière-pensée de la saison.

ASTRAGALE. Regret.

AUBÉPINE. Doux espoir. — Fleur d'avril qui annonce le retour de la belle saison. L'espérance renaît au cœur; la neige a disparu, le vert manteau a remplacé le froid linceul blanc de l'hiver; les oiseaux commencent à gazouiller dans les haies d'aubépine blanche; les amoureux errent bientôt deux à deux dans la prairie, car l'aubépine, c'est le printemps, c'est la jeunesse, c'est l'amour ; quand fleurit l'aubépine tout fleurit et tout chante dans les campagnes; aussi est-elle l'emblème de la plus belle fée du cœur, celle que nous appelons l'espérance ou la croyance au bonheur.

L'aubépine a toujours été l'emblème de l'espérance. A Athènes, à l'autel de l'hyménée, on brûlait des torches d'aubépine; à Rome, on en portait des faisceaux dans les mariages, et on en attachait des branches près des berceaux des nouveaux-nés.

B

BADIANE. **Exactitude**. — Arbuste aromatique de la Chine, et qui produit l'anis étoilé. Cette plante sert d'horloge aux Chinois; elle est naturellement l'emblème de l'exactitude.

BAGUENAUDIER. **Amusement frivole, prodigalité**. — Les baguenaudiers sont de jolis arbrisseaux; ils ont pour fruit une espèce de gousse appelée *baguenaude*, semblable à une petite vessie remplie d'air; elle éclate lorsqu'on la presse entre les doigts. Elle sert d'amusement aux enfants.

BALISIER ou CANNE D'INDE. **Frivolité**. — Roseau des Indes, dont la tige simple est terminée par un épi de fleurs rouges et jaunes. Il est l'emblème de la frivolité chez les Hindous.

BALSAMINE. **Impatience**. — Les anciens faisaient entrer cette plante dans la composition d'un certain baume (balsamum, dont elle a emprunté son nom).

Les botanistes l'appellent aussi *noli me tangere :* ne me touchez pas. La capsule de la balsamine, à l'approche de sa maturité, ne peut subir le moindre contact sans lancer aussitôt, et comme avec impatience, les graines qu'elle renferme..

BARBE DE JUPITER. CLÉMATITE SAUVAGE. **Gravité, force, puissance**. — Espèce d'arbrisseau qui peut enlacer et étouffer de grands arbres sous sa puissante végétation sarmenteuse.

BARDANE. Importunité. — La bardane croît dans les bons terrains, et il est fort difficile de l'en arracher. Ses graines ont ensuite l'inconvénient de s'attacher aux vêtements avec la même ténacité.

De là son importunité.

BASILIC. Pauvreté, haine. — Petite plante odoriférante et qui croît en touffes de verdure. C'est la plante aimée de l'artisan, et peut-être, parce qu'on la voit souvent à la fenêtre de la mansarde, en a-t-on fait l'emblème de la pauvreté.

On représente souvent la pauvreté sous les traits d'une femme couverte de haillons, ayant près d'elle un pot de basilic.

Dans l'antiquité, le basilic était un animal fantastique, qui tuait, disait-on, d'un regard. Aussi a-t-on fait encore du basilic l'emblème de la haine, bien que la plante n'ait aucun rapport avec l'animal fabuleux dont elle porte le nom.

BAUME DE JUDÉE. Guérison. — Les bienfaits salutaires de ce baume exquis avaient été découverts par les anciens, qui le tenaient en haute estime. La reconnaissance l'a fait l'emblème de la guérison.

BELLE DE JOUR ou LISERON TRICOLORE. Coquetterie. — Liseron d'un bleu céleste, qui ne s'épanouit que pendant le jour. Cette fleur coquette et charmante est remplie de grâce et de poésie. C'est

le seul des liserons d'Europe qui ne soit pas grimpant;
il symbolise la coquetterie parce qu'il ne brille que
lorsqu'il peut se faire admirer. Chaque soir il replie
ses feuilles et semble se livrer au sommeil.

BELLE DE NUIT. **Timidité**. — Quand s'endort
la belle de jour, la belle de nuit, cet autre liseron,
originaire du Pérou, se développe doucement et répand son parfum nocturne. L'une fleurit pendant le
jour, et l'autre célèbre la nuit. Aussi un poëte a-t-il
dit :

> Si l'on voit quelques fleurs d'origine étrangère
> Éviter parmi nous l'éclat de la lumière,
> C'est qu'aux lieux où l'Europe a ravi leur enfance
> Le jour naît quand la nuit vers nos climats s'avance;
> C'est que de leur patrie elles suivent les lois,
> S'ouvrent à la même heure ainsi qu'au même mois.

BELLE DE JOUR.

> Aux feux dont l'air étincelle
> S'ouvre la belle de jour;
> Zéphir la flatte de l'aile,
> La friponne encore appelle
> Les papillons d'alentour.
>
> Coquettes, c'est votre emblème,
> Le grand jour, le bruit vous plaît,
> Briller est votre art suprême;
> Sans éclat le plaisir même
> Devient pour vous sans attrait.

PH. DE LA MADELEINE.

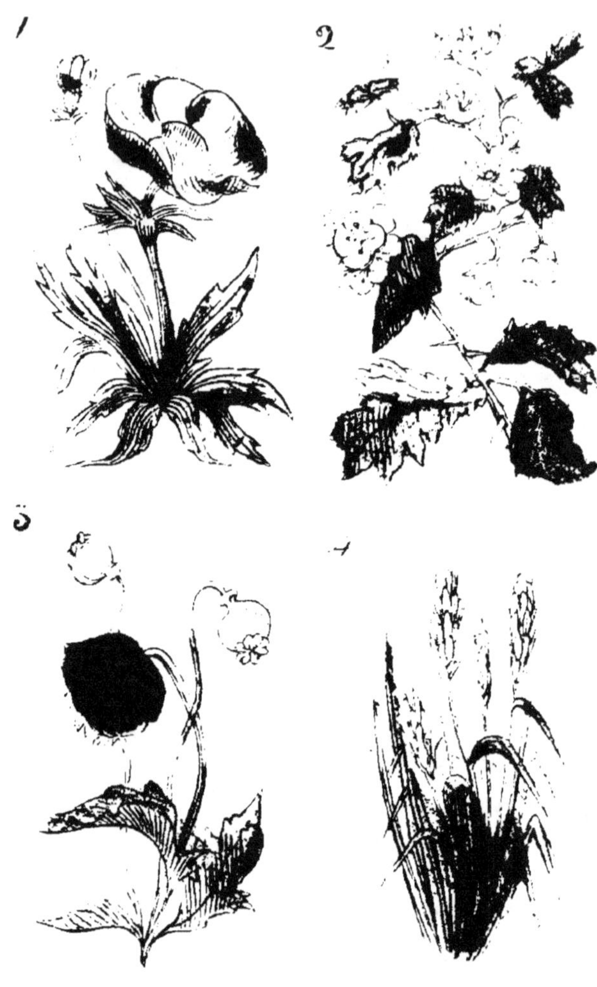

1. ANÉMONE. p. 14. — 2. AUBÉPINE. p. 17.
3. PAVOT. p. 71. — 4. BLÉ. p. 21.

BELLE DE NUIT.

Solitaire amante des nuits,
Pourquoi ces timides alarmes
Quand ma muse au jour que tu fuis
S'apprête à révéler tes charmes?
Si par pudeur aux indiscrets
Tu caches ta fleur purpurine,
En nous dérobant tes attraits,
Permets du moins qu'on les devine.
Lorsque l'aube vient éveiller
Les brillantes filles de Flore,
Seule tu sembles sommeiller
Et craindre l'éclat de l'Aurore.
Quand l'ombre efface leurs couleurs,
Tu reprends alors ta parure,
Et de l'absence de tes sœurs
Tu viens consoler la nature.   C. Dubos.

BELVÉDER. **Je vous déclare la guerre.**
(V. Ansérine).

BÉTOINE. **Surprise, agitation, émotion.** — Plante médicinale fort commune et dont les feuilles ont le mérite de faire éternuer. Dieu vous bénisse!

BLÉ. **Opulence, richesse.** — Le blé est la plus grande richesse d'une nation, puisque c'est le blé qui nourrit le peuple. Le blé, c'est le plus grand civilisateur, c'est le lien des mondes et la source de tout bien; sans récolte de blé la terre est bouleversée, la faim à la face livide, aux yeux injectés de sang, devient la maîtresse du monde, et alors les passions horribles lui servent de cortége hideux. Vive le blé ! et disons tous avec ferveur la belle prière : *Donnez-nous aujourd'hui notre pain quotidien !*

BLÉ DE TURQUIE. Abondance. — Le maïs ou blé de Turquie est encore le symbole de l'abondance, parce que c'est celui de tous les grains qui produit le plus par rapport à la semence confiée à la terre. Comme le froment, le blé de Turquie s'amasse dans les greniers; on le resserre avec précaution, parce que les années de disette peuvent survenir. Chacun connaît le songe de Pharaon, interprété par Joseph, fils du dernier patriarche, et qui créa, le premier peut-être, les greniers d'abondance.

BLUET. Clarté, lumière, délicatesse. —

> Allez ! allez ! ô jeunes filles !
> Cueillir des bluets dans les blés.   V. Hugo.

Le bluet ou casse-lunette, symbolise la clarté parce que l'infusion de ses fleurs est très-favorable pour la conservation de la vue; c'est cette jolie petite plante bleue qui fait la parure des blés et qui réjouit la jeunesse. Qui n'a fait des couronnes de bluets ! C'est peut-être la fleur qu'offre le premier amour; aussi est-elle l'emblème de ce sentiment si délicat et si ingénu.

BON-HENRI. Bonté. — Cette plante populaire, si utile et si bienfaisante, et qui croît partout dans la campagne, le long des murs et des maisons, porte le nom du meilleur des rois, celui qui voulait que chacun mît la poule au pot.

BOUILLON BLANC. Bon naturel. — Cette fleur calme les irritations de la poitrine. Bernardin de Saint-Pierre, dans ses profondes *Études de la nature*, prétend que le *bouillon blanc* fleurit pendant les fortes chaleurs, juste à l'époque où ses bienfaits deviennent si nécessaires.

BOULE DE NEIGE. Refroidissement. — Semblable à la boule de neige, qu'elle rappelle, elle lui emprunte son nom; privée d'organes sexuels et condamnée à une stérilité absolue, cette fleur, qui ne prend point de part aux amours des plantes, est très-justement le symbole de la froideur.

BOUQUET. Galanterie. — Comment parler des fleurs sans dire un mot du bouquet : c'est la plus grande expression de la galanterie ; ce que les lèvres ne peuvent ou n'osent pas exprimer quelquefois, le bouquet, cette charmante association de fleurs, peut seul le dire. Il y a mille sortes de bouquets : depuis le bouquet de nouvel an et de fête, jusqu'à celui de mariée ; mais un bouquet fait toujours plaisir. Jeunes filles, pourtant, n'acceptez pas trop à la légère même un simple bouquet de violettes, car c'est une espèce d'engagement ; et il n'y a pas que les bouquets de roses qui renferment parfois des épines.

BOURRACHE. Brusquerie. — Je ne puis penser à la bourrache sans penser au bon docteur Barbier. C'était le meilleur homme du monde, qui m'a sauvé plusieurs fois la vie; mais il était si bourru, si bourru, que j'appréhendais sa visite tout en la souhaitant de toute mon âme; la bourrache a des feuilles piquantes et velues, mais elle cache d'excellentes qualités, tout à fait comme feu Barbier, de bonne mémoire.

BOUTON DE ROSE. Jeune fille. — Le bouton de rose n'a-t-il pas, en effet, la fraîcheur, la pureté, le parfum et la couleur pudique de la jeune vierge?

BOUTON DE ROSE BLANCHE. Cœur qui ignore l'amour. — Le bouton, c'est la jeune fille; la blancheur, c'est la couleur de l'innocence, et l'innocence, vous le savez, c'est l'ignorance de l'amour.

BOUTON D'OR. Raillerie, médisance. — Les feuilles et les racines de cette jolie petite fleur contiennent un suc corrosif; aussi est-elle devenue l'emblème de la raillerie, qui ressemble tant à la perfidie.

BRISE TREMBLANTE. Frivolité. — Cette plante, qui n'a pas de fleurs proprement dites, car c'est un simple brin d'herbe qui frémit et s'agite au moindre souffle, est appelée aussi *amourette*, à cause de son aspect agréable, mais elle a toujours été l'emblème d'un sentiment frivole; la plus grande injure qu'un amant puisse faire à sa maîtresse, c'est

de lui présenter un bouquet dont la brise tremblante
sert de lien.

BRUYÈRE COMMUNE. Solitude. —La bruyère,
cette humble plante, n'est-elle pas l'amante de la
solitude ? Dieu a voulu peupler les lieux les plus déserts, et l'infortuné qui fuit le monde et ses décep-
tions, quand il se croit seul et oublié, a pour témoin
et pour confident de sa mélancolie la bruyère, qui
lui rappelle la verdure et la campagne, la bruyère
qui apporte à son âme les doux rayons, sinon de
bonheur, du moins d'espérance.

BUGLOSE. Mensonge. — La racine de la buglose entre dans la composition du fard ; aussi
a-t-on fait de cette herbe l'emblème du mensonge.

BUIS. Fermeté, stoïcisme. — Semblable à
l'homme juste et ferme (le *justum et tenacem*
d'Horace), le buis vit à l'ombre, il ne demande rien
des hommes, il ne craint ni le froid ni le chaud,
et sa verdure, comme la vertu du sage, est éternelle. Il est aussi l'emblème de la pauvreté résignée.

C

CACTUS. Bizarrerie. — Plante bizarre qui n'a
ni feuilles ni tige proprement dite, et qui souvent

est toute hérissée d'épines; elle croît dans les climats chauds de l'Amérique.

CAMARA PIQUANT. **Rigueurs.** — Arbrisseau d'Amérique dont les fleurs blanches et parfumées brillent en toute saison. Ses rameaux sont défendus par des épines. N'est-ce pas tout à fait l'emblème des rigueurs qui ne nous permettent pas de cueillir les fleurs parfumées de l'amour?

CAMELLIA. **Constance, durée**. — Cette fleur si élégante, et qui conserve si longtemps sa fraîcheur et sa grâce, est l'emblème de la constance; elle porte le nom du P. Kamel, jésuite allemand, qui l'apporta du Japon vers le milieu du dix-huitième siècle. C'est le prince de nos serres, comme la rose est la reine de nos jardins.

LE CAMELLIA.

Chaque fleur dit un mot du livre de nature :
La rose est à l'amour et fête la beauté,
La violette exhale une âme aimante et pure,
Et le lis resplendit de sa simplicité.

Mais le camellia, monstre de la culture,
Rose sans ambroisie et lis sans majesté,
Semble s'épanouir aux saisons de froidure
Pour les essaims coquets de la virginité.

Cependant, au rebord des loges de théâtre,
J'aime à voir, étalant leurs pétales d'albâtre,
Couronne de pudeur, de blancs camellias,

1. CAMELLIA, p. 26. — 2. PENSÉE, p. 75.
3. BOUTON D'OR, p. 24 — 4. ORANGER, p. 72.

Parmi les cheveux noirs des belles jeunes dames,
Qui savent inspirer un amour pur aux âmes,
Comme les marbres grecs du sculpteur Phidias.

H. DE BALZAC.

CAMOMILLE ROMAINE. Soumission, ser-
vice. — Cette plante rend de grands services en
médecine.

CAMPANULE. Flatterie, vanité. — La fleur
de la campanule, d'un lilas très-tendre, retombe gracieusement comme une petite clochette, dont elle
porte le nom. Le vulgaire l'appelle aussi *Miroir de
Vénus*, de là son emblème flatteur.

CAPILLAIRE. Discrétion. — Cette plante, dé-
liée comme les cheveux dont elle porte le nom, cache
aux botanistes le secret de sa reproduction.

CAPUCINE. Feu d'amour. — Cette fille du Pérou a été baptisée ainsi à cause de sa ressemblance
avec le capuchon d'un moine ; dans les chaudes soi-
rées d'été des étincelles électriques jaillissent de la
capucine : de là son ardent attribut.

**CENTAURÉE, FLEUR DU GRAND-SEI-
GNEUR. Félicité.** — Cette fleur, qui, en médecine, calme la fièvre, allume, en Orient, celle de l'a-
mour ; car, dans les sélams, elle est l'emblème du
bonheur suprême.

CERISIER. Bonne éducation. — Le merisier,
qui croît grossièrement dans nos bois, s'il est bien
cultivé, change ses fruits amers en baies délicieuses

et parfumées; semblable à l'homme ignorant et sans culture, que la bonne éducation transforme en parfait gentleman.

CHAMPIGNON. **Défiance**. — Chacun sait qu'il y a des champignons qui renferment des poisons très-violents, presque tous sont dangereux; aussi le champignon est-il, à juste titre, l'emblème de la défiance.

Le champignon vénéneux, exposé à la chaleur de l'eau bouillante, est facile à reconnaître ; heureux serions-nous si nous pouvions distinguer nos ennemis de nos amis, comme nous savons distinguer le faux du véritable champignon !

CHARDON. **Austérité** — Cette plante épineuse est l'emblème de l'austérité, peut-être parce qu'elle rappelle à la pensée les épines dont se flagellaient, dans les premiers siècles, les moines austères et fanatiques.

CHARDON A FOULER. **Misanthropie**. — Les fleurs piquantes de cette plante ont un aspect dur et bizarre ; il paraît se hérisser et fuir le contact de l'humanité comme le misanthrope, qui est généralement un philosophe piquant, sceptique et sauvage.

CHARME. **Ornement**. — Rien de plus naturel que d'avoir fait du charme l'emblème de l'ornement. N'est-il pas en effet le plus bel ornement de nos parcs, de nos jardins et de nos campagnes.

Chacun a célébré les douceurs de la charmille, et la rime heureuse fournit à ce mot joyeux, fille,

1. AMARANTHE. p. 45. — 2. JACINTHE. p. 36.
3. CHÈVREFEUILLE. p. 29. — 4. TABAC. p. 63.

sainte famille, etc., etc ; aussi les faiseurs d'idylles
en ont-ils un peu abusé.

CHATAIGNIER. **Rendez-moi justice**. — Vous
le voyez, non-seulement chaque fleur, chaque plante,
mais encore chaque arbre a sa signification dans la
nature. L'excellent fruit du châtaignier se dérobe
sous une apparence rude et piquante ; mais, malgré
ses épines, quand on l'a goûté, on sait lui rendre
justice.

CHÉLIDOINE. **Attention maternelle**. — Son
nom, qui veut dire hirondelle, ne rappelle-t-il pas
les soins délicats des oiseaux pour leurs progénitures ?
N'est-ce pas chez les oiseaux que l'instinct maternel
ressemble tant à la véritable maternité, et peut s'appeler amour maternel ?

CHÊNE. **Hospitalité**.

Sous le vieux chêne on boit le vin nouveau.

Le chêne est dans nos contrées comme le cèdre
dans le Liban, c'est l'arbre de la famille ; sous sa
grande ombre on danse le dimanche, et au bruit des
violons, et accompagné par les joyeux concerts des
oiseaux auxquels son épais feuillage donne une franche hospitalité.

Le chêne est le bois des navires, ces maisons hos-
pitalières qui unissent les deux mondes ; le chêne
est le bois des instruments de travail de l'ouvrier,
qui s'endort aussi sous son ombre salutaire ; sous un
chêne encore, saint Louis faisait l'hospitalité à la

justice, elle était aussi nettement installée que dans son palais, au chêne donc l'emblème de l'hospitalité.

CHÈVREFEUILLE. Liens d'amour. — Qu'est-ce que l'amour selon les poëtes et selon la vérité, sinon une chaîne de fleurs, toujours des roses, toujours des parfums; on est uni par des liens si légers, qu'un rien peut les briser, mais ce rien, qui est tout, a bien soin de ne pas se montrer, et, quand les amants ont vu le chèvrefeuille, cette liane gracieuse qui entrelace amoureusement ses rameaux fleuris, ils l'ont appelé naturellement liens d'amour.

CHICORÉE AMÈRE. Frugalité. — Dès la plus grande antiquité, la chicorée fut l'emblème de la frugalité, qui n'est amère que pour les épicuriens.

CHOU. Profit. — Est-ce parce qu'on n'est heureux que dans les campagnes que le chou, ce végétal éminemment rustique, est devenu l'emblème du profit? Aussi plus d'un ambitieux *est-il heureux, après avoir vu toutes ses espérances déçues dans nos grandes capitales,* d'aller planter *ses choux* dans la modeste campagne qui l'a vu naître.

CIGUË. Perfidie. — La ciguë est assez malheureusement connue par ses qualités vénéneuses; elle a du reste l'aspect sinistre malgré sa ressemblance avec le modeste persil, quoique cette ressemblance existe principalement dans les feuilles de ces plantes, car les fleurs offrent quelque différence. Il y a une ciguë qui croît dans les endroits marécageux, c'est certes la plus vénéneuse. Le grand Socrate et le sage Phocion burent le breuvage empoisonné; leurs noms immortels traverseront les siècles et soulèveront contre la plante la haine universelle des peuples.

CIRCÉE. Sortilége. — Cette fleur se plaît dans les endroits déserts; elle croît à l'ombre des tombeaux dans les cimetières, aussi les partisans du merveilleux et les faiseurs de sortiléges lui accordent-ils un pouvoir secret; elle porte du reste le nom de la plus grande enchanteresse des temps passés.

CISTE. Jalousie. — Cette fleur, appelée aussi *Fleur du Soleil*, ne brille que pour lui; dès que la nuit s'étend sur la terre, la ciste se ferme et semble se prêter au sommeil, et ce n'est qu'aux rayons du soleil qu'elle rouvre ses corolles semblable à du crêpe rose.

Cette plante est d'une irritabilité si grande, qu'on la voit parfois s'agiter sans qu'on puisse deviner le motif de ses mouvements nerveux et fébriles; aussi est-elle devenue l'emblème de la jalousie.

CITRONNELLE. Douleur. — L'antiquité païenne avait consacré l'Auronne citronnelle à la déesse de la douleur; elle est encore l'emblème de la souffrance chez les Orientaux.

CITROUILLE. Grosseur. — Rien de plus lourd, de plus épais et de plus disgracieux que la grosse citrouille; aussi est-elle à juste titre le symbole de l'obésité.

CLANDESTINE. Amour caché. — La clandestine est une des plus modestes plantes; elle dérobe aux regards ses charmantes fleurs sous les feuilles dans la mousse, comme l'amour caché et qui n'ose briller au grand jour, mais dont l'éclat paraît avec le temps, malgré sa pudeur modeste.

CLÉMATITE. Artifice. — Le vulgaire l'appelle l'*Herbe aux gueux*. Je ne puis penser à la clématite sans me rappeler la cour des Miracles du grand roman de Victor Hugo; c'est avec la clématite que Clopin Trouillefou créait ses belles plaies, horribles à voir et qui auraient pu attendrir les cœurs les plus durs.

COBEA GRIMPANTE. Nœuds. — Plante de l'Amérique méridionale dont les rameaux, semblables aux lianes, embrassent d'autres plantes et semblent s'y attacher.

COLCHIQUE. Méditation, Regret. — Cette plante apparaît à la fin de l'été; elle semble être l'avant-coureur de la vilaine saison. Elle invite donc à la méditation et fait regretter les beaux jours de l'été. Elle a la triste propriété d'être un poison pour le plus fidèle ami de l'homme, car elle s'appelle vulgairement *Tue-chien*.

CONSOUDE. Bienfaisance. — Son nom *Consolida* prédit déjà son mérite salutaire. Son suc précieux consolide les plaies et cicatrise dans la poitrine un vaisseau qu'un effort a fait rompre; elle fleurit l'été; et ses racines, semblables à la bienfaisance, s'étendent de toutes parts.

CONVOLVULUS DE NUIT. **Nuit**.—Voyez *Belle de nuit*.

COQUELICOT. **Repos**. — Le coquelicot des champs repose agréablement la vue et fait ressortir la couleur blonde des épis qui l'environnent; sa vertu narcotique en a fait l'emblème du repos.

COQUELOURDE. **Sans prétention**. — Plante d'ornement annuelle, à fleur d'un rouge très-vif, qui vit sans soin, à l'ombre et partout, charme agréablement les yeux; bref, elle est charmante, malgré son nom, qui comme toute sa personne est sans prétention.

COQUERET. **Erreur**.—Espèce de solanées dont une infusion procure le sommeil. Il est l'emblème de l'erreur; est-ce à cause des songes qu'il procure, car, vous le savez, tous les songes sont mensonges?

CORBEILLE D'OR. — Voy. *Alysse saxatile*.

CORIANDRE. **Mérite Caché**.— Son nom a la signification d'un bien vilain insecte (que la poudre Désille est chargée de détruire) car la graine de coriandre a d'abord ce goût détestable, qui, en mûrissant, devient un parfum exquis. L'art du médecin et du cuisinier ont su utiliser la coriandre, les uns en font des médecines et les autres des ragoûts; ô coriandre! que tes mérites sont cachés!

CORMIER. **Prudence**.—C'est un des plus utiles et des plus beaux arbres que le cormier, qui s'élève graduellement, et ses fruits, semblables à de petites poires, ne se mangent qu'en hiver, lorsqu'ils sont ramollis, comme les nèfles, par excès de maturité.

CORNOUILLER. Durée. — Cet arbre vit pendant plusieurs siècles ; son bois dur comme de la corne est inaltérable ; il a longtemps servi exclusivement à fabriquer les flèches, avant l'invention des armes à feu ; les anciens l'avaient consacré au dieu de la poésie, est-ce parce qu'ils trouvaient que le temps seul fait les poëtes, ou plutôt parce que leurs œuvres vivent éternellement ?

CORONILLE. Ingénuité. — Jolie petite papillonacée dont les fleurs sont disposées en groupes semblables à une petite couronne ; sans être rampante, cette fleur s'appuie volontiers comme l'ingénue, qui semble demander un guide, un soutien.

COUDRIER. Réconciliation. — Le coudrier est simplement l'arbre qui produit la noisette ; il a été chanté dans tous les temps, car la jeunesse va volontiers cueillir, non-seulement la fraise, mais la noisette, qui rime agréablement avec *coudrette*. Le coudrier est aussi le caducée du moins caduc des dieux, Mercure, le dieu du commerce, de l'union, de la paix et de la réconciliation.

COURONNE DE ROSES. Récompense de la vertu. — Les couronnes de roses qui ornaient autrefois le front des joyeux convives sont devenues, dès le commencement du christianisme, l'emblème de la pureté, de l'innocence et de la candeur. Aussi le grand évêque de Noyon créa-t-il, en 532, à Salency, sa ville natale, l'ordre le plus simple et à la fois le plus grand, celui de la rosière. Chaque année, la jeune fille la plus vertueuse était créée chevalière de l'ordre, et depuis on a toujours couronné des rosières, ce qui prouve une fois de plus que, si la vertu a ses épines, elle a aussi ses roses, mesdemoiselles.

COURONNE IMPÉRIALE. Dignité. — Rien de plus riche, de plus digne et de plus imposant que cette plante dont la tige se tient droite et élevée, garnie de feuilles jusqu'aux deux tiers à peu près de sa hauteur; puis elle s'élève nue et arrondie comme une colonnette, des feuilles surmontent ensuite ce faîte, et entre les feuilles une galerie de tulipes montrent leurs têtes gracieuses et forment une riche couronne.

CRAPAUDINE. Artifice. — Les fleurs, d'un blanc jaunâtre, sont tachetées comme la peau d'un crapaud, ce qui lui a fait donner ce vilain nom. Le vulgaire a toujours cru que les crapauds jetaient des sorts, aussi la crapaudine est-elle l'emblème de l'artifice et autres maléfices.

CRÊTE DE COQ. Perversité. — Ses graines, bordées d'une large membrane, et sa fleur en forme de casque, lui ont valu ce nom bizarre. Elle est l'effroi des cultivateurs, car non-seulement la tige mêlée dans le fourrage fait trouver aux chevaux le foin mauvais, mais elle envahit le sol et le rend presque stérile, car elle brûle les herbes et les plantes qui l'environnent.

CUPIDONE. Source d'amour. — Les Grecs attribuaient à cette plante la vertu d'inspirer de l'amour.

CUSCUTE. Bassesse. — Cette plante, excessivement parasite, vit surtout aux dépens du lin et de la luzerne ; elle rampe jusqu'à ce qu'elle puisse s'accrocher à une autre plante ; alors elle pompe sa sève et s'en nourrit jusqu'à ce que la malheureuse victime expire d'épuisement.

CYNOGLOSSE. L'amitié sans seconde. Cette plante dont l'étymologie veut dire langue de chien, est peut-être devenue l'emblème de l'amitié à cause de cet excellent animal, le meilleur ami de l'homme ; moi, j'ai beau chercher une autre cause, j'en donne ma langue aux chiens.

CYPRÈS. Deuil. — Ils vivent dans le champ des morts ; c'est à leur ombre que dorment nos pères et que nous dormirons un jour. Cet arbre est toujours vert, et pourtant il est sombre et ses branches épaisses ressemblent aux bras des fantômes ; il est bien l'emblème de la mort et de l'éternité. N'allez jamais dans les cimetières, la nuit surtout, on croit y entendre les grandes voix des cyprès qui causent entre eux et qui parlent du passé.

CYPRIPÈDE ou CHAUSSON DE VÉNUS.

1. DAHLIA. p. 57. — 2. PRIMEVÈRE DE CHINE, p. 79.
3. RENONCULE. p. 81. — 4. PERVENCHE. p. 76

Obstacle. — Ses fleurs imitent assez bien la forme d'une chaussure.

CYTISE FAUX ÉBÉNIER Noirceur. — La couleur de son bois, semblable à celle de l'ébène, en a fait l'emblème de la noirceur et de la dissimulation.

D

DAHLIA. Abondance stérile. — Cette plante nous arrive de la terre du Mexique, et, quoique en Europe depuis un demi-siècle, elle a subi mille transformations, grâce au génie de nos patients horticulteurs ; elle est aujourd'hui la plus répandue et la plus commune des fleurs de nos jardins; elle se tire, comme on dit, à cent mille exemplaires ; son talent d'imitation fait qu'elle plaît à tous, car elle nargue et la rose et l'œillet, et le pavot et le lis. Il y a des dahlias de toutes les nuances, de toutes les tailles et pour tous les goûts ; c'est, par ses couleurs panachées, le plus grand Arlequin que je connaisse, et, comme Paillasse, il varie ses fleurs et saute pour tout le monde. Néanmoins il porte très-bien en Angleterre le beau surnom de *Roi de l'Automne*.

DATURA. Charmes trompeurs. — Ses fleurs ne brillent que la nuit, là seulement elles étalent avec grâce leurs charmes dangereux ; elles répandent ce parfum suave et enivrant qui trouble le cœur, et que l'on respirerait avec délices s'il n'asphyxiait pas le malheureux mortel qui succombe à cette tentation. Ai-je besoin de faire aux lecteurs le portrait vivant de ces êtres viciés dont les charmes trompeurs ne brillent aussi qu'au déclin du jour et dont les parfums sont pour le moins aussi empoisonnés que ceux du datura? Non, n'est-ce pas? mais méfiez-vous de ces plantes, elles sont maudites de Dieu.

DICTAME DE CRÈTE. Naissance. — Cette plante rend tant de services à la famille par ses vertus médicinales, qu'elle est le symbole de la naissance. Les anciens ornaient d'une couronne de dictame la statue de Junon, qui présidait, comme on le sait, à la naissance, sous le nom de Lucine.

DIGITALE POURPRÉE ou GANT NOTRE-DAME. Travail. — Les fleurs de la digitale ressemblent aux doigts d'un gant ou mieux à un dé à coudre; cette similitude avec ces *instruments* du travail lui ont fait donner cette attribution.

DORONIC. Froideur. — Cette plante est l'emblème de la froideur, à cause des propriétés réfrigérantes que lui attribuait l'ancienne médecine.

E

ÉBÉNIER. Noirceur. — Chacun connaît la noirceur de l'ébène, il est inutile de noircir davantage le papier pour prouver sa culpabilité. Oui, l'ébénier est l'arbre de la noirceur, c'est le nègre des forêts; mais je n'en conclus pas de là que les nègres ont l'âme aussi noire que le visage, je révère trop la charmante Beecher Stowe pour cela.

ÉGLANTIER. Poésie. — La fleur de Clémence Isaure, qui en décora les poëtes aux Jeux floraux.

Du reste, rien de plus poétique que cette rose sauvage qui croît dans nos bois et qui parsème de ses jolies fleurs les buissons épineux.

La poésie aussi ne charme-t-elle pas les déserts les plus sauvages et ne croît-elle pas à travers les ronces et les épines du matérialisme?

ELLÉBORE. Bel esprit. — Cette plante est l'antidote de la folie, elle doit naturellement être l'emblème du bel esprit; ou n'a-t-on vu qu'un simple rapprochement entre la folie et le bel esprit, et n'est-ce pas par raillerie qu'on a fait de l'ellébore le symbole du bel esprit, qui est un genre de folie?

ÉNOTHÈRE A GRANDES FLEURS. Inconstance. — Cette belle plante, originaire de Virginie, joue à colin-maillard avec les botanistes : tantôt ils en perdent l'espèce, tantôt ils la retrouvent : aussi l'at-on taxée d'inconstance.

ÉPHÉMÈRE DE VIRGINIE. Bonheur d'un instant. — Les jolies fleurs de l'éphémère se flétrissent et meurent au bout de quelques heures ; elle est l'emblème du bonheur éphémère.

ÉPILOBE A ÉPIS. Production. — L'Épilobe doit cet attribut au nombre prodigieux de ses semences ornées d'aigrettes que les vents dispersent, de sorte que la présence d'une seule plante suffit pour en peupler tout un canton.

ÉPINE NOIRE. Difficultés. — C'est l'arbrisseau qui porte les prunelles qui font les délices des enfants, qui, malgré ses nombreuses épines, bravent toutes les difficultés pour obtenir l'objet de leur désir.

ÉPINE-VINETTE. Aigreur. — Tout, dans cet arbrisseau, dénote l'aigreur, depuis ses fleurs si irritables dont les étamines se replient autour du pistil au moindre contact, jusqu'à l'acidité du fruit, sans oublier l'armure redoutable et épineuse de la tige.

ÉRABLE. Réserve. — Il fleurit tard, il perd ses feuilles lentement ; tout, dans cet arbre, semble empreint d'un cachet d'économie, de réserve et de prudence.

F

FENOUIL ou ANETH. Force. — Plante aromatique qui répand une odeur très-forte; les gladiateurs prenaient des forces en mêlant cette plante à leurs aliments, et le vainqueur était couronné d'une couronne de fenouil; en province, le jour des processions, les rues sont jonchées de cette plante.

FEUILLES MORTES. Mélancolie.

> Quand vous verrez tomber,
> Tomber les feuilles mortes,
> Si vous m'avez aimé, vous prierez Dieu pour moi!

Rien de plus populaire et de plus vrai que ce triste refrain; avec la chute des feuilles tombent chaque année les malheureux poitrinaires, les vieillards, les jeunes filles faibles et les enfants. Quand les arbres se dépouillent de leur couronne de feuillage la nature entière semble prendre le deuil. A quoi sert l'ombre, du reste, il n'y a plus de soleil! A quoi sert l'amour quand celui que vous regrettez n'est plus là?... Je ne puis marcher sans frissonner sur ces feuilles mortes que le vent chasse impitoyablement comme des âmes rebelles; elles gémissent, elles crient sous mes pas, me disant tout bas : Arrête! tu foules aux pieds le cœur de celui qui t'aimait! Oh! ces feuilles! elles me glacent l'âme et brûlent mes pieds!

Quand vous verrez tomber,
Tomber les feuilles mortes,
Vous prierez Dieu pour moi,
Si vous m'avez aimé, oh! priez Dieu pour moi!

FICOÏDE GLACIALE. Glaces du cœur.—Cette plante a des feuilles singulières couvertes de vésicules transparentes et remplies d'eau; au soleil cette eau semble *glacée* et jette un éclat aussi vif que des petits diamants.

FLEURS D'ORANGER. Chasteté. — Comme le myrte est la fleur de l'amour, la fleur d'oranger est celle du mariage, et l'on voit en province et même à Paris, dans bien des intérieurs bourgeois, sur la commode ou la cheminée de la chambre conjugale, le chaste bouquet du mariage qui fleurit sous son bocal de verre, et qui semble être le dieu lare de la famille.

FLOUVE. Tristesse.

FOUGÈRE. Sincérité. — La fougère étendant partout son vert manteau, son attribut de sincérité est-il un hommage rendu à la nature, à la campagne, où l'on est plus sincère, plus vrai et plus franc, étant sous les yeux de Dieu et en plein soleil, ce grand chasseur du mensonge?

FOULSAPATHE Amour malheureux.—Cette fleur et son humble symbole nous viennent de l'Inde; elle est la fleur du paria, cet esclave des adorateurs de Brahma.

FRAISIER. Bonté, délices. — Cette plante est une de celles qui ont le plus de droit à porter leur emblème. Rien de plus délicieux, de plus suave que la fraise; rien de plus humble que la plante qui s'élève à peine à deux doigts de la terre, qui habite les bois et semble fuir les villes, voulant se prodiguer seulement à ceux qui fuient le monde et son faste. La fleur sourit à l'œil du voyageur fatigué, et son fruit si agréable étanche sa soif. Par sa bonté, la fraise est digne de tous nos éloges et surtout de notre reconnaissance; car elle nous rappelle nos meilleurs souvenirs, souvenirs d'enfants et souvenirs de jeunesse; aussi chantons-nous toujours avec gaieté la petite romance du *Bijou perdu :*

> Oh! qu'il fait donc bon cueillir la fraise,
> Au bois de Bagneux, etc.

FRAISE DE L'INDE. Apparence trompeuse.

FRAMBOISIER. Douceur de langage. — J'ai souvent comparé la framboise à la fraise, dont elle a la saveur et le goût exquis. Sa douceur lui a fait mériter l'emblème du doux langage, autrement dit langage mielleux et sucré.

FRAXINELLE. Feu. — La fraxinelle exhale parfois un gaz inflammable qui l'entoure comme d'un léger brouillard, et, si l'on approche une lumière de cette auréole, le feu prend aussitôt, mais la plante n'en souffre nullement.

FRÊNE. Grandeur. — Ce bel arbre, dont le bois

n'a aucun nœud, doit être naturellement l'emblème de la vraie grandeur, qui s'élève noblement vers le ciel, sans faire de pacte honteux avec les misérables calculs de l'intérêt.

FRITILLAIRE (Voir *Couronne impériale*). **Dignité**.

FUCHSIA. Amabilité. — Cette fleur est un des plus beaux ornements de nos serres.

FUMETERRE. Fiel. — L'amertume de cette plante médicinale très-commune, mais très-salutaire, lui a valu ce triste emblème.

FUSAIN. Votre image est gravée dans mon cœur. — Buisson touffu qui croît dans les haies, et dont les fruits font le bonheur de la race ailée. Carbonisé, le fusain est un crayon qui sert non-seulement aux amants, mais aux admirateurs de la belle nature. Son nom lui vient peut-être des fuseaux ; car c'est avec le fusain que les modernes Parques de nos campagnes font la veillée du soir, en filant les bas de leurs maîtres et seigneurs.

G

GALEGA. Raison. — Plante médicinale, genre de légumineuse dont l'art d'Esculape se sert pour calmer les transports du cerveau et ramener à la saine raison les habitants des Petites-Maisons.

GARANCE. **Calomnie**. — La garance donne la couleur du sang, et les pauvres agneaux, quand ils ont brouté cette plante, ont l'air de criminels; car leurs dents semblent souillées de sang. O loup de la fable, que n'avais-tu cette bonne calomnie à conter au pauvre agneau qui venait probablement cacher son crime dans le *courant de l'onde pure* où tu te désaltérais *honnêtement !*

GATILLIER. **Pudeur, chasteté**. — De jolies grappes de fleurs bleues et blanches (couleurs de la chasteté, disposées en lignes droites à l'extrémité des rameaux, sont l'ornement de cette gracieuse plante.

Les dames d'**Athènes** se faisaient un lit de feuilles de cet arbrisseau pendant la célébration des mystères d'Isis.

GAVÉE. **Sûreté**. — La gavée sert à faire les haies touffues et impénétrables autour des habitations et des vergers; elle fait donc bonne garde; aussi est-elle le symbole de la sûreté.

GAZON. **Utilité**. Quoi de plus utile et en même temps de plus agréable que le vert gazon? sans lui la campagne serait stérile, et semblerait un désert ; sans lui la chèvre capricieuse, l'agneau bienfaisant, seraient triste et désolés, et ne feraient plus, par leurs vives gambades, la joie du campagnard.

GENÊT. **Propreté**. — On en fait des balais, n'est-ce pas tout dire?

GENÊT ÉPINEUX. Misanthropie. — A cause de ses épines, naturellement.

GENETTE. Espérance trompeuse. — Plante trompeuse cultivée par les Hollandais. Après bien des soins, l'horticulteur croit avoir cultivé un magnifique phénix ; mais hélas ! son phénix n'est qu'un faux narcisse.

GENÉVRIER. Asile. secours. — Cet arbre, toujours vert, croît généralement sur la lisière des forêts, qui sont un lieu d'asile pour les malheureux fugitifs. Dans les campagnes, on brûle encore des grains de genièvre pour chasser les mauvais esprits, et le lièvre se réfugie souvent sous ses tiges parfumées pour mettre les chiens en défaut.

GENTIANE JAUNE. Dédain. Son nom vient de Gentius, roi d'Illyrie, qui en découvrit les propriétés. Cette plante est remplie d'amertume : aussi est-elle dédaignée par les animaux qui la laissent dans les pâturages.

GÉRANIUM ÉCARLATE ou BEC DE GRUE. Bêtise. — Quand on presse cette plante, dont la fleur est d'un rouge très-vif, elle répand une odeur désagréable. Les capsules qui renferment ses graines ont la forme d'un bec de grue qui, comme on le sait, n'est pas tout à fait synonyme d'intelligence.

GÉRANIUM TRISTE. Mélancolie. — Ses fleurs ont un sombre éclat : il fuit la clarté du jour, tout en répandant un parfum délicieux semblable à celui du girofle.

1. GÉRANIUM, p. 46   2. VALÉRIANE, p. 95
3. OLIVIER, p. 71   4. GIROFLÉE, p. 47

GÉRANIUM ROSE. Préférence. — Il y a deux cents variétés de géraniums : l'écarlate, le triste, le rose, etc.; mais le géranium rose est le préféré, parce qu'il est le seul qui exhale un parfum rival de celui de la rose.

GERBE D'OR. Avarice. — Les touffes de cette plante, nommée par les botanistes *solidage*, sont remarquables par la beauté de leurs fleurs disposées en grappes dorées: elles rappellent à l'homme le métal séducteur et leur ont fait donner l'attribut de l'avarice.

GIROFLE. Dignité, Luxe. — Le girofle est une marque de distinction dans les îles Moluques, sa patrie natale. On porte le clou de girofle comme ici nous portons une médaille ou une décoration. Le girofle, qui croît sur les vieux murs et dans les fentes des rochers, n'est-il pas nommé à juste titre la fleur de luxe des abandonnés.

GIROFLÉE DE MAHON. Promptitude. — A peine cette plante est-elle semée, qu'elle germe et croît promptement, comme si elle avait hâte de vivre, sachant qu'elle doit mourir aussitôt après avoir fleuri et porté graine.

GIROFLÉE DES JARDINS. Beauté durable. — Les belles giroflées rouges ont un parfum suave et charment nos jardins pendant toute la durée de l'année : leur beauté et leur parfum toujours durables leur ont valu ce symbole flatteur.

**GIROFLÉE DE MURAILLE. Fidèle au mal-

heur.—Cette plante, croissant dans des endroits inhabités, couronnant et peuplant ces lieux sauvages et désolés, est bien l'emblème de la fidélité au malheur. Les anciens croyaient qu'un pied de giroflée, placé sur une fenêtre, se fanait au moment de la mort d'un des maîtres de la maison.

GLAÏEUL. Indifférence. — Les feuilles du glaïeul sont minces, longues et acérées comme une lame ; elles rappellent cet instrument du meurtre, qui accomplit froidement et avec indifférence les actes les plus sanguinaires.

GLYCINE DE LA CHINE. Amitié douce et agréable. — Jolie liane d'un bleu pâle, dont la culture est très-facile et qui se dispose selon le vœu de son maître : elle embellit nos mansardes ; elle embrasse les grands arbres ; elle couvre les feuillages et répand avec grâce en tous lieux ses myriades de grappes parfumées.

GNOPALE ou GNAPHALIUM. Souvenir immortel. — Son nom veut dire tisser. Cette plante, qui fournit la corde, rappelle au souvenir les liens immortels qui unissent les cœurs dévoués.

GRATIOLE ou HERBE AU PAUVRE HOMME. Humanité. — Le nom de cette plante tutélaire devait lui donner à juste titre le symbole de l'humanité.

GOUET COMMUN. Ardeur. Les fleurs de cette plante, au moment de leur épanouissement, produisent quelquefois une chaleur si forte, qu'on ne peut les toucher sans un certain danger; de là cet emblème ardent.

GOUET GOBE-MOUCHE. Piége. — Les insectes, attirés par la forte odeur de cette plante, restent prisonniers dans les fleurs, et, victimes de leur gourmandise, ils tombent dans le piége.

GRATERON ou CAILLE-LAIT BLANC. — Plante sauvage et inutile, qui doit son nom à ses graines revêtues d'aspérités, et que l'on chasse autant qu'on le peut de nos vertes campagnes.

GRENADIER. Fatuité. — Les fleurs du grenadier sont très-belles, leur éclat est très-vif; mais, hélas! elles n'ont pas de parfum, semblables au fat qui fait la roue dans sa cravate, ses bottes vernies et ses gants jaunes, et dont l'esprit est parfaitement absent.

GRENADILLE BLEUE ou PASSIFLORE. Foi. — Cette fleur est née sur les bords du fleuve des Amazones; placée sur une tige élevée, elle porte une couronne d'épines au-dessus de ses feuilles. Du sein de cette fleur s'élève une couronne surmontée de trois pointes séparées, semblables à des clous aigus. Aussi les enthousiastes, voyant dans cette fleur une similitude avec les instruments de la mort du Christ, l'ont appelée la *Fleur de la Passion.*

GROSEILLIER. Vous faites mes délices. — Cet arbre est né dans les Alpes; il a le même emblème que la fraise, avec laquelle il fait en confitures et au dessert des tables bourgoises, les délices des enfants des deux âges et des deux sexes.

GUI. **Je surmonte tout**. — Cette plante parasite a ce riche emblème, parce qu'en effet elle croît au sommet des arbres les plus élevés, se nourrit à leurs dépens et semble les couronner de son feuillage d'un vert jaunâtre.

Les druides l'avaient en grande vénération, on le coupait avec une faucille d'or, et le jour de l'an on le distribuait aux Gaulois comme une relique sacrée, en criant : Au gui l'an neuf! pour appeler ainsi la bénédiction sur la nouvelle année.

GUITARIN. **Mélodie**. — Les feuilles du guitarin sont marquées de larges taches blanches imitant les cordes de la guitare, cet instrument plus ou moins mélodieux.

GUIMAUVE. **Bienfaisance**. — Plante jolie, douce et bienfaisante ; ses feuilles, ses fleurs et sa tige sont entourées d'un léger duvet qui semble déjà annoncer la douceur de cette plante salutaire. Elle croît naturellement et sans culture, comme les bons sentiments qui sont les instincts de notre conscience. Chacun sait les services qu'elle rend, et plus d'un rhume obstiné a fui devant une attaque de pâte de guimauve. Bref, c'est la meilleure pâte de fleur que je connaisse.

GYROSELLE. **Vous êtes ma divinité**. — Jolie plante de Virginie qui se couronne, en avril, de douze fleurs roses renversées. Linnée l'a surnommée *Dodecatheon* (Douze divinités).

H

HÉLÉNIE. Pleurs. — La Fable rapporte que les pleurs de la belle Hélène, en arrosant la terre de Troie, donnèrent le jour à ces charmants petits soleils dorés qui portent son nom.

HÉLIOTROPE DU PÉROU. Enivrement d'amour. — Cette fleur, dont les parfums suaves produisent une sorte d'enivrement, est appelée aussi *herbe d'amour*. Fille du Pérou, elle a conservé la foi antique des Incas, et son nom lui vient même de sa croyance, car elle adore le soleil vers lequel elle exhale ses parfums délicieux. Les Grecs nommaient *Héliotrope* la plante que tout le monde connaît sous le nom de *Soleil*; voici l'étymologie de ce nom.

La Fable rapporte qu'une des belles esclaves d'Apollon, Clythie, se voyant sacrifiée à sa sœur Leucothöé, se laissa périr de faim; mais le dieu du soleil la changea en héliotrope.

> Voyez ici la jalouse Clythie
> Durant la nuit se pencher tristement,
> Puis relever sa tête appesantie
> Pour regarder son infidèle amant.   Parny.

HÉMÉROCALE. Aigreur. — Son nom signifie beauté d'un jour. Il ne fleurit aussi qu'une seule

journée. Un jour d'amour, c'est trop peu, et le cœur
ne conserve que de l'amertume, n'est-ce pas ? Aussi
cette fleur est-elle l'emblème de l'aigreur.

HÉPATIQUE. Confiance. — Cette jolie plante
croît à l'aurore de la belle saison. L'homme des
champs, voyant fleurir la campagne, a confiance en
ses bienfaits.

HECTIE. Prospérité. — Ce bel arbre croît très-
rapidement et fait la fortune et la prospérité de ses
heureux possesseurs.

HIÈBLE. Humilité. — Cette fleur croît hum-
blement dans les fossés des chemins, et, malgré
son humilité, elle possède de jolies fleurs blanches
dont le parfum charme le voyageur; mais, depuis les
chemins de fer, il n'y a plus que des *travellers*, que
j'appellerais traverseurs, et non voyageurs; on ne
connaît plus les délices des chemins poudreux, les
repas sur les bords du fossé où fleurit l'hièble, plus
d'humilité aujourd'hui : le waggon siffle, applaudissez
la vapeur et son nuage épais, chassez les rêves de
l'artiste et dites avec le froid spéculateur : *time is
money*, le temps c'est de l'argent.

**HORTENSIA ou ROSE DU JAPON. Indiffé-
rence.** — Elle porte le nom de la belle et spiri-
tuelle reine Hortense. Cette fleur inspira ces vers à
un de nos plus gracieux poëtes du commencement
de ce siècle :

> Reçois de ma muse un coup d'œil
> Et n'accuse plus son silence.

Brillante fleur, toi dont l'orgueil
Se pare du beau nom d'Hortense;
Malgré ton éclat si vanté,
N'attends de moi rien davantage;
J'admire en passant la beauté,
Seul le mérite a mon hommage.

Pour fixer nos regards séduits,
Tes diverses métamorphoses
Tour à tour nous offrent les lis,
Les violettes et les roses.
Mais, quand Flore a voulu former
Pour nos jardins une Pandore,
Elle oublia de l'animer;
Ta fleur, hélas! est inodore!

HOUBLON ou VIGNE DU NORD. Injustice.
— Le houblon produit des sarments très-vifs qui brisent avec injustice les jeunes arbrisseaux qui l'environnent ; cette plante dévore activement les sucs nourriciers du sol qu'elle habite, et l'épuiserait promptement si on n'y portait remède.

HOUX. Défense. — Cet arbre est toujours vert, son fruit est une baie d'un très-beau rouge, ses feuilles sont luisantes, mais hérissées d'épines qui semblent défendre l'arbre contre la cognée de l'impitoyable bûcheron.

HYACINTHE. Jeu. — Cette fleur porte le nom du bel Hyacinthe. Apollon, ayant eu le malheur de le tuer en jouant avec lui au palet, le changea en cette charmante fleur.

4

I

IBÉRIDE DE PERSE. **Indifférence**. — Cette fleur incolore est à peu près insensible aux rayons dorés du soleil et à l'haleine glacée des zéphyrs, car elle conserve pendant toute son existence sa simple parure; c'est bien l'emblème de l'égoïsme ou de l'indifférence.

IF. **Tristesse**. — Arbre dont la sombre verdure, le tronc dépouillé d'écorce et les fruits d'un rouge de sang, inspirent la tristesse et l'horreur. Autrefois il était l'arbre des cimetières; de son bois on faisait les lances et les arcs meurtriers, et de son suc venimeux les Gaulois empoisonnaient leurs flèches. Son ombre même est dangereuse; l'ingrat dévore le terrain qui le nourrit. Bref, au physique comme au moral, c'est un des arbres malfaisants de la création.

IMMORTELLE. **Amitié constante**. — En Portugal, cette fleur orne les chapelles des églises. En France, c'est la fleur du souvenir; sa forme et sa couleur ne varient point, elle vit pendant plusieurs années sans aucune altération; la plus commune est originaire d'Autriche, et la plus belle vient du cap de Bonne-Espérance.

L'amour est cette fleur si belle
Dont Zéphyr ouvre les boutons;
Mais l'amitié, c'est l'immortelle
Que l'on cueille en toutes saisons.   DUMAS.

1. ROS BLANCHE, p. 85. — 2. MARGUERITE, p. 62.
3. JASMIN ROUGE, p. 55. — 4. RÉSÉDA, p. 82.

IMPÉRIALE. Puissance. — Voyez *Couronne impériale*.

IPOMÉA. Caresses. — Jolie fleur d'automne, qui grimpe le long des treillages et semble les caresser en formant un berceau de ses fleurs écarlates et parfumées.

IRIS DES PRAIRIES. Bonne nouvelle. — Cette plante croît au bord des ruisseaux et possède une grande quantité d'espèces différentes; elle rivalise avec les couleurs éclatantes de l'écharpe de la belle messagère des dieux, toujours porteuse de bonnes nouvelles, et qui lui a donné son nom.

IRIS.

C'est une fleur à peine éclose
Qui tient un peu du lis pour la fierté,
   Pour la fraîcheur tient de la rose,
Du tournesol pour la mobilité;
    Mais, par malheur, un peu trop vive,
    Légère comme le zéphyr,
    Elle tient de la sensitive
    Et fuit quand on la veut cueillir.

IVRAIE. Vice. — Méchante herbe parasite, semblable au chiendent; sa graine est noire. Elle croît au milieu du froment, que le mélange de ses graines corrompt comme le méchant corrompt l'honnête homme qu'il fréquente. L'ivraie est l'emblème du vice.

IXION. **Tourments**. — La forme des fleurs de cette plante bulbeuse rappelle la roue d'Ixion, qui lui a donné son nom et son emblème.

J

JACINTHE. **Bienveillance**. — Les armes d'Achille, disputées par Ulysse et Ajax, furent adjugées au prudent Ulysse. Dans son désespoir, Ajax se perça de son javelot; mais les dieux le changèrent en cette fleur, qui porte son nom. Par son parfum et ses couleurs agréables, on a fait de cette fleur le symbole de la bienveillance.

JASMIN BLANC. **Amabilité**. — Arbrisseau charmant et fort docile; ses parfums agréables remplissent les airs, et ses branches souples s'arrondissent en berceaux, ornent les treillages, embellissent nos serres, nos orangeries et nos jardins. Il est originaire des Indes et nous fut apporté en 1560.

JASMIN DE VIRGINIE. **Séparation**. — Cette plante est peut-être l'emblème de la séparation, parce que, éloignée de sa terre natale, elle est séparée du chaud soleil de la Virginie, des insectes dorés qui vivent de ses fleurs, et surtout de son amant favori, l'oiseau-mouche, qui, dans ses branches, trouve son logement, sa nourriture et en fait ses plus chères délices.

JASMIN JAUNE. **Bonheur**.

JASMIN ROUGE DE L'INDE. (Voyez *Ipomœa*.)

JOLIBOIS ou LAURÉOLE FEMELLE. **Gentillesse**. — Les branches du jolibois, appelé encore Daphné, bois gentil, sont semblables à de petits thyrses entourés de bouquets ou plutôt d'une guirlande de fleurs empourprées. Le jolibois exhale un parfum délicat et suave.

JONC. **Docilité**. — Il ploie comme l'acier et croît très-facilement dans les endroits marécageux ; il sert à faire des nattes, et quelques espèces de grandes dimensions à faire des cannes souples et solides. Non-seulement le jonc est docile, mais il rend docile. Demandez à certains maîtres d'école de village quel est leur meilleur sous-maître ? ils vous répondront à coup sûr : C'est le jonc.

JONQUILLE. **Désir, langueur d'amour**. — Ces belles fleurs ont la couleur dorée dont elles portent le nom ; elles rappellent à la pensée ces couleurs pâles qui décorent le teint de quelques jeunes filles, belles fleurs qui attendent le soleil qui doit changer l'or de leur teint en un pudique incarnat.

JOUBARBE. **Bienfaisance discrète**. — Plante discrète et bienfaisante qui croît sur les vieux murs, dans les cours des habitations abandonnées, sur les toits même, et dont les jolies fleurs blanches ont un aspect très-agréable.

JUJUBIER. **Soulagement**. — Les qualités pectorales de cet arbrisseau, originaire de la Syrie, mais cultivé dans nos provinces du Midi, lui ont valu l'emblème du soulagement. La pâte de jujube fait une guerre acharnée aux rhumes, qu'elle détruit et chasse impitoyablement.

JUSQUIAME. Défaut. — Cette plante disgracieuse possède un suc assez dangereux, puisqu'en Orient, dans la basse classe, on s'enivre de sa liqueur malfaisante.

K

KEDSOURA. Frugalité — Plante du Japon dont les fruits se mangent, quoiqu'ils aient peu de saveur.

KETMIE. Vous êtes jolie. — Espèce de malvacées dont les belles et nombreuses fleurs font l'ornement de nos jardins.

L

LAITUE. Refroidissement. — Cette herbe potagère a de grandes qualités réfrigérantes.

LAURIER FRANC. Gloire. — Les couronnes de laurier ont de tout temps orné le front des vainqueurs ; les feuilles du laurier formaient les couronnes des muses Calliope et Clio, et il était consacré

Apollon comme à Mars. On sait que l'insensible Daphné fut changée en laurier pour se sauver des attaques du dieu de la poésie.

LAURIER AMANDIER. Perfidie.

LAURIER TIN. Petits soins (Voy. Viorne).

LAVANDE ASPIC. Méfiance. — Cette plante aromatique est l'emblème de la méfiance, parce que, autrefois, l'on croyait que l'aspic se cachait sous ses feuilles, dont on ne s'approchait qu'avec crainte.

LIANES. Nœuds, liens d'amour. — Tout ce qui, en Amérique, croît et grimpe comme nos lianes et nos chèvrefeuilles porte le nom de lianes, qui signifie lien (à mon avis).

LIERRE. Amitié. — Le lierre couronne de son feuillage vert les pampres noircis de leurs grappes; le lierre et le thyrse furent toujours frères, et couronnent Bacchus, son vieux Silène et leurs joyeux compagnons. Le lierre se plaît dans les ruines, qu'il pare de sa belle verdure ; il orne de son feuillage les arbres les plus élevés, et semble choisir les arbres auxquels l'hiver enlève leurs couronnes. Dans les langues de l'Orient, le lierre signifie : *Je me meurs ou je m'attache.*

LILAS. Jeunesse, amour naissant. — Cet arbre est originaire de Chine et de Perse. Il est le premier qui fleurit au printemps. Sa parure est blanche et lilas, ses fleurs sont éphémères et parfumées comme la jeunesse; il est le messager du printemps et de l'amour, et plus d'un jeune cœur commence à battre quand fleurit la blanche fleur du lilas.

LIN. **Bienfaiteur**. — Cette plante commune et bienfaisante, dont on file l'écorce pour faire des toiles, des papiers, des dentelles, etc., n'est-elle pas à juste titre le symbole de la bienfaisance?

LIS. **Majesté, pureté**. — Cette fleur, dont les blanches corolles ressemblent à un vase d'argent, s'élève sur une tige élégante et semble dominer les autres fleurs ; son parfum est aussi délicieux que sa beauté est noble et digne. Il est originaire de l'Orient, et le roi-prophète était couronné de lis : saint Louis et plusieurs rois de France honorèrent cette fleur royale par excellence, et qui brilla sur nos vaillants étendards.

Le lis blanc est le symbole de la candeur.

Le lis jaune celui de l'inquiétude, et le rose l'emblème de la vanité.

> Noble fils du soleil, le lis majestueux,
> Vers l'astre paternel, dont il brave les feux,
> Élève avec orgueil sa tête souveraine :
> Il est le roi des fleurs dont la rose est la reine.
> BOISJOLI.

> Le lis que dans ces lieux un charme fit éclore
> Dans sa coupe d'argent boit les pleurs de l'aurore.
> BAOUR-LORMIAN.

LISERON DES CHAMPS. **Humilité**. — Il

1. LIS, p. 60. — 2. LISERON DES CHAMPS, p. 60.
3. POIS DE SENTEUR, p. 78. — 4. VIOLETTE, p. 94.

croît facilement. Sur terre, il lui faut un appui pour s'élever; mais généralement il tapisse nos champs.

Il ne s'éveille qu'avec le soleil, et ferme chaque soir ses jolies corolles comme pour se livrer au repos.

LUNAIRE (GRANDE). Mauvais débiteur. — Cette plante renferme dans sa fleur des petites cloisons qui ressemblent à des médailles ou à des oublis; de là cette épithète d'oubli ou de mauvais débiteur.

LUZERNE. Vie. — La luzerne, originaire de la Médie, est très-*vivace*; elle croit avec abondance et sert de nourriture à la plupart de nos bestiaux.

LYCHNIS DES CHAMPS. Sympathie irrésistible. — Cette plante croit généralement en compagnie du betem blanc, pour laquelle elle semble avoir une grande sympathie; ses fleurs croissent deux à deux; on les appelle vulgairement les compagnons.

M

MANCENILLIER. Fausseté. — Son ombrage est perfide, puisqu'il cause la mort, et son fruit est semblable à une pomme, mais il renferme un dangereux poison. Cet arbre ne rappelle-t-il pas à l'esprit l'arbre du paradis terrestre, dont les pommes donnaient la mort et qui s'appelait pourtant l'arbre de vie.

MANDRAGORE. Rareté. — Espèce de belladone d'une grande rareté, à laquelle les anciens attribuaient à tort ou à raison de grandes vertus.

Dans les cantiques du grand roi, il est parlé de la mandragore *qui a jeté son parfum délicieux.*

MARGUERITE DES PRÉS. Innocence, candeur. — Dans les chroniques du moyen âge, lorsqu'une noble dame refusait les hommages d'un chevalier, elle couronnait son front de marguerites. La marguerite est l'oracle de la jeunesse ; on lui enlève impitoyablement ses blanches corolles en disant : Elle m'aime un peu, beaucoup, passionnément, pas du tout.

LA MARGUERITE.

Je suis la marguerite et je suis la plus belle
Des fleurs dont s'étoilait le gazon velouté;
Heureuse, on me cherchait pour ma seule beauté
Et mes jours se flattaient d'une aurore éternelle.

Hélas! malgré mes vœux, une vertu nouvelle
A versé sur mon front sa fatale clarté.
Le sort m'a condamnée au don de vérité,
Et je souffre et je meurs : la science est mortelle,

Je n'ai plus de silence et n'ai plus de repos,
L'amour vient m'arracher l'avenir en deux mots;
Il déchire mon cœur pour y lire qu'on l'aime.

Je suis la seule fleur qu'on pille sans regret ;
On dépouille mon front de son blanc diadème,
Et l'on me foule aux pieds dès qu'on sait mon secret.

H. DE BALZAC.

MARGUERITE (REINE). Variété.—Cette fleur, entre les mains des plus habiles jardiniers, a produit de nos jours de nombreuses variété plus charmantes les unes que les autres. (V. ASTER.)

MARRONNIER D'INDE. Luxe.—Arbre de luxe, en effet, qui ne semble exister que pour faire l'ornement des parcs et des jardins aristocratiques ; ses fleurs sont brillantes et nombreuses, ses branches sont épaisses et touffues ; il a l'aspect grandiose et sévère. et semble né pour protéger de son feuillage épais les secrets des cœurs ou les amours des jolies duchesses.

MARJOLAINE. Consolation.—Cette herbe aromatique était autrefois d'un grand usage en médecine, surtout dans les affections cérébrales.

MAUVE. Amour maternel.— « Semez la mauve, mais ne la mangez pas, » a dit le philosophe ; c'est-à-dire : ayez de l'indulgence pour le monde, mais ne vous ménagez pas. La mauve croît indifféremment, même dans les terrains les plus stériles. Sa douceur est bien connue ; chacun se rappelle les tisanes de mauve sucrée que sa bonne mère prodiguait aux moindres indispositions. L'amour maternel, comme la mauve, est rempli de douceur et de bienfaisance, il croît dans tous les cœurs, chez les artisans comme chez les patriciens. Quoi de plus naturel, mais aussi quoi de meilleur que le cœur d'une mère?

MÉLÈZE. Audace. — Arbre géant, qui croît sur les lieux les plus élevés et qui semble vouloir percer les secrets du ciel. *Audaces fortuna juvat.*

La foudre est à ses pieds : il ne craint ni l'orage ni la tempête, et quel est l'homme assez hardi pour atteindre à son sommet? aucun ; et pourtant le lichen, le modeste lichen, se plaît à couronner ce front audacieux.

MÉLISSE CITRONNELLE. Plaisanterie. — Qui ne connaît l'eau de mélisse et ses vertus salutaires ; quelle dame un peu nerveuse ne s'est sentie calmée en avalant quelques gouttes du nectar des Carmes, qui, en même temps, rappelle avec la santé la bonne humeur et la gaieté?

MÉLÉAGRE. Beauté sans esprit.

MENTHE. Chaleur de sentiment. — Qui se douterait que les délicieuses pastilles de menthe doivent le jour à la jalousie de Proserpine, qui changea sa rivale Menthos en cette plante aromatique dont l'antiquité connaissait et utilisait les propriétés antispasmodiques.

MÉLIANTHE. Calme, repos. — Cette fleur croît au bord de l'eau et semble se bercer au mouvement calme de l'onde. Elle ne fleurit que par le beau temps ; elle craint l'orage et le moindre changement d'atmosphère ; il faut à cette fleur gracieuse le repos. la paix et la tranquillité.

MERCURIALE. Emblème des apparences trompeuses. — Comme tout ce qui a du rapport avec Mercure, le dieu des marchands, dont les articles n'ont souvent qu'une trompeuse apparence.

MIGNARDISE. Enfantillage. — Cet œillet est un des jouets de l'enfance qui lui a donné son nom enfantin, mais coquet.

MIROIR DE VÉNUS. Flatterie. — Quoi de plus flatteur, en effet, qu'un miroir qui vous montrerait les traits de Vénus ? Cette fleur reflète les traits. non de Vénus, mais du soleil ; dès qu'il disparaît, les couleurs brillantes et empourprées de la plante disparaissent. ses corolles se ferment tristement comme si elles regrettaient le soleil.

MILLE-FEUILLES. Guérison. — Cette plante s'appelle aussi *herbe aux charpentiers*, parce qu'elle guérit les blessures faites par leurs instruments. (Voy. ACHILLÉE).

MILLEPERTUIS. Oubli des tourments de la vie.

MOMORDIQUE. Critique, mystification. — Cette plante est piquante comme la critique, et son nom dérive du verbe *mordre*.

MORELLE. Douce amie. vérité.

MORELLE CERISETTE. Beauté sans bonté.

MOURON ROUGE. Rendez-vous. — Les oiseaux, par leurs joyeux chants, semblent se donner rendez-vous dans les campagnes ; le mouron, qui est leur plante favorite, est peut-être l'emblème du rendez-vous en l'honneur de ces gentils amoureux.

MOUSSE. Amour maternel. — L'oiseau, dans son nid, fait un lit de mousse pour ses enfants, de même que la mère fait de son cœur un lit d'amour pour ceux qu'elle chérit. O amour maternel! tu es si grand, que toute la terre s'accorde à te bénir et à te célébrer dans les fleurs et dans les plantes.

MUFLIER. Présomption. — Ses fleurs sont d'un rouge vif, mais qui, hélas! se répandant parfois d'elles-mêmes, semblent vouloir se donner avec présomption.

MUGUET DE MAI. Indifférence, légèreté, retour du bonheur. — Appelé aussi lis des vallées. Aux premiers jours du mois de mai, une odeur suave s'élance des bois et des vallées : ce sont les jolies branches du muguet qui charment les yeux par leurs grappes blanches et parfumées, et qui annoncent le retour du printemps et du bonheur.

MURIER BLANC. Prudence. — Il est l'emblème de la prudence, parce qu'il tarde à fleurir ou plutôt à *mûrir*.

MURIER NOIR. Dévouement. — Le mûrier noir est né, nous dit-on, du sang des amants si infortunés et si dévoués, Pyrame et Thisbé, qui se tuèrent tous deux pour ne pas survivre l'un à l'autre.

1. ROSE A CENT FEUILLES. p. 81.   2. MYRTE. p. 67.
3. BLUET. p. 22.   4. JASMIN. p. 56.

MYOSOTIS. **Ne m'oubliez pas**, appelée aussi *Vergiss-mein-nicht.*—Jolie petite fleur bleue à étoile jaune. Elle croît auprès de l'eau ; elle est remplie de grâce, de fraîcheur et de gentillesse, et semble, par sa mignardise et son exquise douceur, être la fleur favorite que doivent se donner en souvenir deux cœurs aimants.

LE MYOSOTIS.

Cette fleur d'azur, cette douce fleur,
Qu'avant de partir, hier je t'ai donnée;
Écoute sa voix, écho de mon cœur,
Écoute sa voix tendre et parfumée
    Qui te dit tout bas :   (Bis.)
    Ne m'oubliez pas.   (Bis.)

Oh ! garde-la bien jusqu'à mon retour,
Et près de ton sein cache-la, ma belle;
Si pendant l'absence, un autre d'amour
Voulait te parler, cette fleur fidèle
    Te dirait tout bas :
    Ne m'oubliez pas.

C'est le myosotis qui te parlera
De moi, si je meurs loin de cette terre,
Même près d'un autre il répétera
De son seul ami l'unique prière,
    En disant tout bas :
    Ne m'oubliez pas.
        Extrait des *Fleurs animées*.)

MYRTE. **Amour partagé.**— Cet arbre fut de tout temps consacré à la déesse de l'amour, qu'on adorait, même en Grèce, sous le nom de Myrtis. Ses fleurs, semblables à de petites roses blanches, ses rameaux gracieux et son parfum délicat ont valu à cet arbrisseau l'honneur de composer les bouquets de Cythère et de Gnide.

> Sous le simple lambris
> Des myrtes verts et des rosiers fleuris,
> Entrelacés par la main du mystère,
> L'amour endort les enfants de Cythère.

MYROBOLAN. Privation.—Cet arbre a ce triste emblème parce qu'il produit des fruits semblables à ceux du cerisier, mais ils sont loin d'en avoir la saveur; aussi les oiseaux ne s'y trompent-ils pas et n'en font-il aucun cas.

MYRTILE. Trahison. — Semblables à un petit myrte, cet arbuste (à ce que dit la mythologie, ce n'est pas parole d'Évangile, croyez le bien), cet arbre, dis-je, n'est autre que l'âme de Myrtile, écuyer d'Œnomaüs; corrompu par Pélops, il trahit son maître dans une course aux chariots dont le prix était la main de la belle Hippodamie, fille d'Œnomaüs; mais, quand il voulut recevoir la récompense de sa trahison, Pélops le jeta à la mer, et Mercure son père le changea en cet arbuste. Ainsi périssent les traîtres ! Voy. AIRELLE.

1. NARCISSE, p. 68.   2. OREILLE D'OURS, p. 60.
3. LILAS, p. 59.   4. JONQUILLE, p. 57.

N

NARCISSE. Égoïsme, fatuité, amour-propre.
— Cette belle fleur croît dans les prairies et se plaît
au bord de l'eau, où elle semble se mirer. Chacun
connaît la fable de Narcisse, qui s'éprit de sa beauté
en se mirant devant une fontaine où l'Amour, pour
le punir, le changea en cette fleur coquette.

> Du sein de l'herbe il sort avec éclat
> Un bouton d'or, sur une longue tige,
> Bordé de fleurs d'un tissu délicat,
> Feuilles d'argent qu'un léger souffle abat,
> Plante agréable et de frêle existence,
> Enfant de Flore à peu de jours borné;
> Doux, languissant, symbole infortuné
> De la froideur et de l'indifférence.

NARCISSE DES PRÉS. Espérance trompeuse.

NARCISSE JONQUILLE. Désir.

NÉLOMBO. Sagesse.

NÉNUFAR BLANC. Impuissance. — Jolie
plante aquatique qui a cet emblème à cause des vertus affaiblissantes qu'on attribuait autrefois à sa racine.

5

NICOTIANE. Tabac. Obstacle vaincu. — La nicotiane, qui remplit aujourd'hui le monde de sa fumée bienfaisante, qui distrait le voyageur, le militaire, et qui parfois, entourant le poëte dans un nuage parfumé, lui inspire des choses charmantes; la nicotiane, dis-je, porte le nom de Jean Nicot, qui l'introduisit en France dans le seizième siècle; sir Walter Raleigh l'importa sur le continent anglais. Partout le tabac eut à vaincre de grands obstacles, il avait contre lui le beau sexe, ennemi charmant, mais dangereux; il finit pourtant par triompher de ses adversaires, et une fois l'on a pu dire : Ce que l'homme veut, Dieu le veut!

NOISETIER. Réconciliation. — Pourquoi? Est-ce en l'honneur de ses fruits, qui sont unis par groupes de cinq ou six et qui forment une seule famille, ou parce que, dans les bois, en allant cueillir la noisette, l'amour réconcilie parfois les amants brouillés?

NIGELLE, BARBE DE CAPUCIN, ou CHEVEUX DE VÉNUS. Lien d'amour. — Cette fleur charmante est d'un bleu tendre, et ses jolies feuilles vertes semblent lui former une légère fraise. Ses fleurs sont à peine visibles jusqu'à l'heure de leur parfait développement; alors elles s'élèvent fièrement dans les airs. Les Liens d'amour sont d'abord imperceptibles aussi, et, quand l'amour est dans toute sa force, on reconnaît seulement leur puissance.

NIELLE DES BLÉS, AGROSTEMME Complaisance. — La fleur de la nielle se penche avec complaisance pour faciliter les mystères de la fécondation.

NYMPHEA LOTUS. Éloquence. — Les Égyptiens consacraient le lotus au soleil, dieu de l'éloquence ; ils en ornaient la coiffure de l'époux d'Isis, le grand Osiris, adoré par les Pharaons et leurs descendants jusqu'à l'envahissement du mahométisme qui brisa leurs idoles.

O

ŒIL DE PAON. Équité. — Semblable à la queue aux cent yeux de l'oiseau d'Argus, l'œil de paon représente la clarté, la vérité et l'équité.

ŒILLET. Amour vif et pur.—L'œillet, s'il n'est soutenu par une branche d'osier nommée tuteur, tombe et traine à terre sa tige élégante. Il faut que l'art supplée à la nature, et, par un encartage ingénieux, il faut favoriser le développement de ses magnifiques pétales.

ŒILLET DE POÈTE. Dédain. — Cet œillet, aussi connu sous le nom de *bouquet tout fait*, est dépourvu d'odeur et inférieur à tous les autres en Hollande et dans tout le Nord, quand on en reçoit

une branche d'une jeune fille, cela signifie : *Ne reve-
nez pas :*

ŒILLET JAUNE. **Exigence**. — Vu sa rareté
peut-être.

ŒILLET DES FLEURISTES. **Amour sincère**.
— Les fleuristes et les modistes cultivent dans leurs
mansardes et les fleurs et l'amour; aussi cette fleur
préférée de la grisette est-elle l'emblème de l'amour
sincère.

> La renoncule un jour dans un bouquet
> Avec l'œillet se trouva réunie,
> Elle eut le lendemain le parfum de l'œillet :
> On ne peut que gagner en bonne compagnie.
>
> Béranger.

OLIVIER. **Paix**. — L'arbre de Minerve, la déesse
de la sagesse. De tout temps, la branche de l'olivier
fut l'emblème de la paix. Cet arbre, toujours vert
et dont le fruit est si précieux, devait être consacré
au plus grand des biens, à la paix qui unit les mondes sous son vert manteau d'espérance et de bonheur

ONAGRE. (V. Énothère.)

OPHRISE ARACHNÉ. **Adresse**. — Cette fleur
ressemble à l'insecte qui lui donne son nom. Arachné,
la reine des brodeuses, osa un jour défier Minerve,
qui la changea en cet affreux ogre qui fait la guerre
aux mouches et dont le nom seul effraye les dames.

Chacun connaît l'adresse de cette tisseuse qui se passe de navette pour créer ses toiles argentées plus fines que le linon et la batiste.

OPHRISE MOUCHE. **Erreur, indiscrétion**. — Cette fleur ressemble au frelon, l'on s'y trompe parfois; de là l'emblème de l'erreur. Chacun connaît l'ennuyeux et indiscret bourdonnement de la guêpe; de là son second emblème.

ORANGER. **Générosité**. — Cet arbrisseau, originaire de la Chine, fut importé dans nos climats au commencement du quinzième siècle. Toujours riche de parfums, de fleurs et de fruits, c'est le plus généreux des arbres; aussi fait-il le plus bel ornement de nos serres et de nos jardins.

ORNITHOGALE. **Épi de la Vierge**. — Ses jolis épis de fleurs étoilées ont la blancheur du lait le plus pur; leur nom signifie lait d'oiseau.

OROBANCHE. **Union**.

OREILLE-D'OURS. **Séduction**. — Cette plante, cultivée par les Flamands, doit son nom à la ressemblance de ses feuilles avec l'oreille de l'ours; ses riches couleurs et ses formes gracieuses, tout nous séduit en elle; aussi fait-elle l'ornement de nos jardins.

ORTIE. **Cruauté**. — Rien de plus cruel, en effet, que les petits dards presque imperceptibles que renferme cette plante, et qui causent une douleur fort aiguë.

OSIER. **Franchise**. — La chose du reste est proverbiale. Est-ce parce que l'osier se redresse franchement sous la main qui le ploie, ou parce qu'il se prête franchement à tous nos besoins et à tous nos caprices?

OSMONDE. **Rêverie**. — Cette fougère, croissant dans les lieux humides et solitaires, prête naturellement à la rêverie.

OXALIDE ALLELUIA. **Joie**. — Voyez Alleluia.

P

PAILLE BRISÉE et PAILLE ENTIÈRE. — Celle-ci est l'emblème de l'union, celle-là l'emblème de la rupture. Quoi de plus simple et de plus ingénieux que cette simple paille. Oh! les amants ont la science aussi du langage mystérieux, et la paille du champ qui fut témoin de leurs serments peut, au besoin, devenir un symbole.

PALMIER. **Victoire**. — De tout temps, les vainqueurs furent couronnés de palmes; les feuilles de ce bel arbre sont dignes en tout point de ce grand honneur, et nos académiciens, je le crois, sont fiers de les porter.

PANERAIS D'ILLYRIE. **Soupçon**.

PARIÉTAIRE. **Chagrin, Misanthropie.**—Cette plante croît sur les murs; elle semble fuir la lumière, l'air et la vie; elle croît chétivement entre les pierres, auxquelles elle fait un sombre manteau ; elle prospère surtout au milieu des ruines.

PAQUERETTE SIMPLE (V. Marguerite). **Innocence.**

PAQUERETTE DOUBLE. **Affection.**

PASSIFLORE. **Croyance** (V. Grenadille bleue).

PATIENCE. **Patience.** — La racine de la patience est amère. Chacun sait combien l'homme a besoin de cette vertu, qui a donné son nom à cette fleur; vertu parfois bien difficile à conserver, qui, je l'espère, ne vous échappera pas en lisant ce modeste dictionnaire.

PAVOT BLANC. **Sommeil du cœur.** — Le pavot, comme chacun sait, renferme un grand principe soporifique : de là cet emblème.

PAVOT COQUELICOT (V. Coquelicot).

PÊCHER. **Bonheur.** — La douceur et la beauté de ce fruit, qui semble rougir pudiquement, ne sont-elles pas bien faites pour rendre la bonté et la beauté de l'autre fruit plus défendu, et qui n'en devient que meilleur? Sadi, le poëte persan, dit que la fleur du pêcher est l'emblème du bonheur, parce qu'elle ne dure qu'un moment, et que, dès qu'on y touche, elle tombe.

PENSÉE. **Pensée.** — Cette jolie petite fleur s'appelait autrefois fleur de la Trinité, à cause de ses trois couleurs. Elle est d'une grande simplicité; mais elle parsème agréablement la campagne, et semble folâtrer à travers champs. A mes yeux, la pensée n'est qu'une coquette violette qui a jeté son bonnet par-dessus les moulins.

PERCE-NEIGE. **Consolation.** — Quand la neige couvre la terre de son blanc manteau, quand le ciel est gris, que les arbres étendent leurs branches dépouillées, semblables aux bras décharnés de quelques géants élevés sur la terre, quand votre âme a froid, en ne voyant aucun vestige de végétation, vos yeux sont parfois agréablement surpris par une petite fleur effrontée qui montre sa tête coquette, et semble vous sourire à travers la neige, en vous prouvant que, si tout dort et semble mort, elle fleurit, elle; elle vit, et vous ne voyez plus que le soleil et l'espérance, et votre cœur bat sans crainte dans votre poitrine soulagée.

PERSIL. **Festin.** — Le persil est cette petite herbe bien connue de nos cordons-bleus; ils la mettent à toutes les sauces : elle orne les tranches de la fine côtelette, elle parsème les flancs de la grasse omelette, et le rosbif et les pommes de terre nagent toujours dans les flots de persil; bref, il n'est pas de festin ni de cuisine sans persil.

Et le pauvre et le riche à ses lois sont soumis.

PERVENCHE. **Doux souvenirs**. — Elle est gracieuse, elle est modeste, sa couleur est d'un bleu lilas; mais elle croît avec abondance, et prodigue les richesses de ses mille petites fleurs aux bois, qu'elle chérit et qu'elle embellit. Vous souvenez-vous, quand le printemps vous appelait dans ces bois, c'était la première fleur qui s'offrait à vos regards, et le premier bouquet que vous lui avez offert, allons, un peu de mémoire, je m'en souviens bien, moi, c'était de la pervenche.

PEUPLIER BLANC. **Temps**. — Cet arbre vit très-longtemps; les anciens l'avaient consacré au dieu du temps, à cause peut-être de ses feuilles blanches et noires qui, à leurs yeux, peignaient les jours et les nuits.

PEUPLIER NOIR. **Force**. — C'est dans cet arbre qu'Hercule taillait ses lourdes massues.

PEUPLIER TREMBLE. **Gémissement**. — Entendez-vous parfois dans les bois le bruit d'une source plaintive, vous vous sentez saisi de joie, vous allez calmer la soif qui vous dévore; vous vous précipitez, et vous apercevez simplement quelques peupliers trembles, dont les feuilles, en s'agitant continuellement, produisent ce mirage à votre ouïe; vous êtes contrarié, mais vous finissez par sourire en écoutant la cadence du tremble, qui n'oublie pas une note dans son éternel concert.

PHALANGÈRE. **Antidote**. — Cette plante réunit cet emblème en l'honneur de ses vertus bienfaisantes naturellement.

PIED-D'ALOUETTE. Lisez dans mon cœur. — Sa tige est excessivement branchue; sa fleur doit son nom à la forme excentrique de sa corolle, dont l'éperon ressemble au doigt de derrière du pied de l'alouette.

PIN. Hardiesse. — N'est-ce pas en effet l'arbre le plus audacieux que ce géant qui élève majestueusement son front dans les cieux. et qui se joue des vents. des tempêtes et de l'ouragan?

PISSENLIT. Oracle. — Ce n'est pas la fleur du pissenlit qui sert d'oracle, c'est la graine réunie en globe sur un plateau auquel elle adhère très-peu. En soufflant dessus. on en enlève le plus grand nombre; le chiffre de celles qui restent est celui des années qui doivent s'écouler avant le mariage.

PIVOINE OFFICINALE. Honte. — Chacun connaît la rougeur éclatante de la pivoine; ce n'est pas une rougeur modeste et pudique. au contraire : la malheureuse pivoine semble craindre les regards. elle paraît confuse et rougit de honte. La nymphe Péone, ayant commis un crime de lèse-pudeur, fut changée en cette brillante fille des champs.

PLAQUEMINIER. Résistance. — Arbre des deux Indes, dont le tronc solide sert à l'ébéniste et résiste aux ravages du temps.

PLATANE Génie — En Grèce. cet arbre était

consacré non-seulement au génie, mais encore aux bons génies.

POIS DE SENTEUR. Délicatesse — Cette charmante fleur se penche délicatement et enlace les verts treillis de la mansarde ; c'est elle qui embellit la fenêtre de Jenny l'ouvrière. et le moineau franc vient parfois becqueter en gazouillant ses corolles parfumées, roses, blanches et bleues.

POLÉMOINE BLEUE. Rupture. — Son nom signifie guerre.

POLYGALA Ermitage. — Polygala signifie beaucoup de lait. N'est-ce pas l'aliment favori des pieux cénobites. et ne trouvez-vous pas avec moi que la rime la plus riche avec laitage, c'est ermitage?

POLYBIER A URNE. Secret. — La signification de chaque plante provient généralement de sa structure, de son parfum ou de sa beauté; l'urne du polybier semble recéler un secret : la rosée seule pourrait nous l'apprendre.

POMME DE TERRE. Bienfaisance. — Salut à toi, modeste pomme de terre, tu es la panacée universelle, tu nourris de ton suc bienfaisant les enfants du pauvre. et tu sais aussi te déguiser coquettement pour flatter le palais délicat du riche; seulement ton nom prouve l'ingratitude des hommes. car, en souvenir de l'illustre Parmentier, tu devrais t'appeler parmentière

POMMIER (LA FLEUR DU). Préférence. —
La pomme rappelle de grands souvenirs : depuis celui de notre mère Ève, qui la préféra à tous les autres arbres du paradis, jusqu'à la pomme du jardin des Hespérides et celle qu'obtint Vénus du berger troyen.

Bref, de tout temps, la pomme a été un sujet de discorde, car toutes les choses qu'on préfère font naître des haines et des jalousies.

PRIMEVÈRE. Première jeunesse. — Cette fleur charmante est la sentinelle avancée du printemps; elle sourit la première aux espérances du jardinier et lui annonce l'aurore des beaux jours.

PRUNIER. Promesse. — Arbre dont les fleurs nombreuses promettent beaucoup de fruits, mais, hélas! ce sont souvent de fausses promesses; aussi, quand le vulgaire vous renvoie aux prunes, c'est à peu près le synonyme des calendes grecques des anciens.

PRUNIER SAUVAGE. Indépendance. — Cet arbre aime la sauvage liberté, et, malgré les soins de l'horticulteur, il ne veut se plier à aucun joug : aussi reste-t-il toujours indépendant, mais inculte.

PYRAMIDALE BLEUE. Constance. — Les couleurs ont leurs emblèmes. De même que le blanc est le symbole de l'innocence, de la pudeur, de la modestie et de la bonne foi;

Le jaune, de l'infidélité;

Le rouge, de l'amour ;

Le vert, de l'espérance ;

Le rose, de la jeunesse et de la beauté :

Le pourpre, de la toute-puissance ;

Le bleu fut toujours le plus doux emblème : celui de la chasteté, de la piété, du respect, de la sagesse, et surtout de la constance.

Q

QUEUE DE CHEVAL. Fécondité. — Ce nom disgracieux fut donné à la renoncule aquatique, peut-être à cause des mille et un filaments qui croissent de toutes parts et qui s'échappent de tous côtés, et dont la fécondité merveilleuse forme sur les eaux comme un radeau de verdure fleurie.

QUINTEFEUILLE. Amour de la famille. — Petite plante vivace et grimpante dont les tiges nombreuses couvrent le sol et s'étendent de toutes parts dans les premiers jours du printemps. Pendant l'orage, ses feuilles se réunissent en forme d'ombelles comme pour protéger les fleurs dans un élan d'amour maternel.

R

RAQUETTE FIGUIER D'INDE. Je brûle. — Cette plante de l'équateur offre une bizarrerie assez remarquable : ses larges feuilles sont garnies d'épines non-seulement acérées, mais encore brûlantes ; aussi malheur à l'imprudent qui les touche ! qui s'y frotte s'y brûle.

RENONCULE BOUTON D'OR. Perfidie. — Cette jolie plante est aussi l'emblème de la toilette : Louis XI en dota notre pays.

RENONCULE SCÉLÉRATE. Ingratitude. — Cette renoncule a tous les défauts d'ingratitude et de scélératesse que lui donne son juste nom : plus on la cultive et plus elle est malfaisante ; aussi est-elle devenue l'emblème des ingrats.

RÉSÉDA. Mérite modeste. — Le réséda répand un parfum suave, et ses mille petites fleurs sont les plus populaires et les plus aimées des fleurs de nos jardins. Le modeste pot de réséda fait volontiers vis-à-vis à la cage de l'oiseau chéri, et, dans la chambre de l'ouvrier, tandis que l'un répand ses parfums enivrants, l'autre donne ses notes ravissantes. Oh! la nature n'est-elle pas la plus prodigue et la meilleure des mères, n'est-ce pas? et n'a-t-elle pas créé les hortensias, les lis et les dahlias superbes pour les

agréments des grands, tout en donnant le jour à
l'humble réséda, aimable consolateur du pauvre
foyer?

ROMARIN. **Baume consolateur** — Arbuste
aromatique dont l'éternelle verdure offre au regard
la couleur de l'espérance et de la consolation ; on en
extrait l'eau de la reine de Hongrie, espèce d'eau
spiritueuse dont chacun connaît le mérite souverain.

RONCE. Envie. — Les poëtes ont trop abusé de
ce mot, les ronces de l'envie, pour que l'on ait besoin d'une plus longue explication ; en effet, les
ronces croissent sous les fleurs, leurs innombrables
germes, semblables à l'envie, s'étendent comme des
serpents sous les roses, et leurs langues fourchues
jaillissent de toutes parts comme pour siffler et faire
ombre au riche tableau de la création. La ronce n'a
qu'un mérite : ses dards protégent les jeunes arbrisseaux comme l'envie, qui relève ceux-mêmes qu'elle
veut abattre, car on n'envie que ce que l'on craint
ou ce que l'on désire.

ROSE. Beauté. — Voici la plus belle, la plus pudique, la plus simple, la plus fraîche, la plus vive et
la plus élégante des fleurs, la rose ; il faut être poëte
pour parler d'elle: je l'aime, moi, et ne sais comment vous exprimer toutes ses richesses, toutes ses
grâces et tous ses parfums.

Coquettement fleurie sur sa tige délicate, elle offre
à nos regards ses joues purpurines, ses feuilles velou-

tées dont l'éclat brille encore davantage sur le vert
de ses coquettes feuilles dentelées. La rose est la
fleur de la ville et des champs, du salon et de la mansarde. La noble dame et la grisette aiment la rose,
à laquelle elles empruntent l'incarnat de leurs lèvres
et de leurs visages. La rose a été fêtée de tous
temps, les anciens en couronnaient leurs fronts et en
ornaient la coupe de leurs festins; la rose fut chan-
tée par tous les sages et célébrée par tous les fous.
Autrefois fleur de Vénus, aujourd'hui fleur de la
Vierge, elle fut de toutes les fêtes et brillera dans
tous les temps.

Mais, vous le savez, comme il n'y a pas de roses
sans épines, elle a eu ses jours d'oubli, car le camellia, le lis, la violette et le dahlia furent ses ri-
vaux; mais elle a vaincu, et la rose sera toujours la
première et la plus aimée entre les fleurs de nos
parterres.

Il y a, comme chacun sait, une nombreuse variété
de roses; mais chacune a un emblème différent. La
rose blanche est l'emblème de la candeur; la capucine, celui de l'éclat; la rose cent feuilles, l'amour
inconstant; la rose des quatre saisons, beauté toujours
nouvelle; la rose en bouton, le bouton de rose qu'on
appelle une jeune fille; la rose jaune représente l'infidélité; la rose musquée est la beauté capricieuse;
la rose mousseuse, l'amour voluptueux; la rose pa-
nachée, les feux du cœur: la rose-pompon, la gentillesse; la rose simple, la simplicité; et la rose tré-
mière, la fécondité.

Lorsque Vénus, sortant du sein des mers,
Sourit aux Dieux, charmés de sa présence,
Un nouveau jour éclaira l'univers.
Dans ce moment la rose prit naissance,
D'un jeune lis elle avait la blancheur :
Mais aussitôt le père de la treille,
De ce nectar dont il fut l'inventeur
Laissa tomber une goutte vermeille,
Et pour toujours il changea sa couleur;
De Cythérée elle est la fleur chérie,
Et de Paphos elle orne les bosquets;
Sa douce odeur, aux célestes banquets,
Fait oublier celle de l'ambroisie.
Son vermillon doit parer la beauté.

.   .   .   .
.   .   .   .
.   .   .   .
.   .   .   .

De la pudeur elle couvre la joue
Et de l'aurore elle embellit la main.

PARNY.

ROSEAU. Indiscrétion, musique.—Chacun sait quel bruit mélancolique sort du sein des roseaux agités par les vents. Les bergers se font des instruments de musique très-agréables avec les longs fuseaux qui croissent auprès des rivières et semblent faire une sorte d'harmonie imitative des gémissements de l'onde. Les roseaux, en souvenir du roi Midas, qui avait des oreilles d'âne, comme chacun sait, sont devenus les emblèmes de l'indiscrétion.

ROSSOLIS. Surprise. — Cette plante est assez

surprenante, en effet, puisqu'elle est semblable à une coupe remplie de rosée.

RUE DES MURAILLES. Bonnes mœurs. — Cette plante, dont on ne connaît pas les mystères de la reproduction et qui sert de manteau à nos maisons, à nos terrasses, n'est-elle pas digne d'être l'emblème des bonnes mœurs? L'herbe maly, donnée à Ulysse pour le préserver des piéges de Circé, n'était autre que la rue.

S

SAFRAN. N'en abusez pas. — Cette plante bulbeuse, prise en légère quantité, donne de la gaieté; une forte dose peut donner la folie. Usez-en, mais n'en abusez pas.

SAINFOIN. Oscillation, agitation. — Cette plante vivace, dont les folioles sont toujours en mouvements, devait être l'emblème de l'agitation.

SALICAIRE. Prétention. — Cette jolie plante qui croît parmi les saules et au bord de l'eau semble se mirer avec prétention.

SAPIN. Élévation. — Cet arbre toujours vert est, comme chacun sait, doué d'une grande élévation.

SAPONAIRE. Vous excellez en tout. — Son nom vient de *savon*. Comme lui, elle excelle à nettoyer la peau, et, comme elle fait disparaître toutes les taches, on en a fait l'emblème de la perfection.

SARDONIE. Ironie. — Le rire sardonique lui doit son nom, car cette plante renferme un violent poison, et qui donne aux lèvres de la victime cet affreux rire appelé rire sardonique.

SAUGE. Estime. — Son nom vient de *Salvia*. Cette plante aromatique était fort estimée des anciens. Les chiens en sont fort friands, et son parfum est fort agréable.

SAULE PLEUREUR. Mélancolie. — Cet arbre croît généralement dans la solitude, au bord des fontaines, et le voyageur qui l'aperçoit de loin, en entendant le doux murmure de l'onde, peut aisément s'imaginer que le génie de la douleur s'est courbé avec désespoir et que ses larmes coulent avec abondance. Ses longs rameaux, tristement penchés, et sa verdure pâle ont fait de cet arbre le symbole de la douleur.

> Son feuillage toujours cher à la rêverie,
> Offre un réduit propice aux mortels malheureux,
> Il aime à les couvrir de sa mélancolie,
>   On dirait qu'il pleure avec eux.

SAXIFRAGE. Plus je vous vois, plus je vous aime. — Il faut en effet considérer longtemps cette petite fleur pour en comprendre tous les charmes.

SCABIEUSE. **Fleur des veuves**.— Cette fleur,
que l'on croit originaire de l'Inde, cette patrie des
veuves inconsolables, comme chacun sait, porte aussi
la couleur violette que les veuves portent en demi-
deuil.

SCEAU DE SALOMON. **Discrétion**. — Espèce
de muguet dont la racine a la forme d'un sceau, qui
fut toujours l'emblème de la discrétion.

SENSITIVE. **Pudeur**. — Plante pudique, en
effet, dont les feuilles se replient au moindre contact.
On la dit originaire de l'Amérique, et pourtant Pline
en parle; comment concilier les auteurs.

> Si d'un doigt indiscret vous osez la toucher,
> Tout s'agite; la feuille est prompte à se cacher.

SERPENTAIRE. **Horreur**.— Son nom vient de
ramper. Semblable aux serpents, ses nombreuses racines inspirent l'horreur et l'effroi.

SILÈNE NOCTIFLORE. **Nuit**. — Cette jolie
fleur, dédaignant les regards du soleil et des hommes,
ne fleurit que pendant la nuit; aussi en est-elle devenue l'emblème.

SOLEIL. **Adoration**. — Cette large fleur, que les
botanistes nomment *Hélianthe*, était pour les Grecs la
nymphe Clytie transformée par Apollon, dieu du
soleil.

SORBIER. **Prudence**. — Est-ce qu'une branche

1. Souci, p. 88. — 2. Myosotis, p. 66.
5. Œillet. p. 71 — 4. Héralique. p. 51.

de sorbier en guise de bâton n'est pas utile entre les
mains du voyageur prudent qui craint des mauvaises
rencontres ?

SOUCI. Inquiétude , chagrin. — Cette fleur
porte la couleur du soleil. Son nom vient du latin
solsequium ; car ses fleurs se ferment avec chagrin
à la fin du jour et s'ouvrent pour saluer le soleil.

L'emblème chagrin du souci peut être modifié lorsqu'il est mêlé avec d'autres fleurs ; avec des pensées,
il signifie : je calmerai vos peines

> Tu vois l'âme de Flore, errant dans son parterre,
> Toujours auprès de toi passer avec dédain,
> Et jamais la beauté de ta fleur solitaire
>   N'a paré sa tête ou son sein.

SPIRÉE Inutilité. — Cette plante est gracieuse
et jolie ; mais elle est de la rare espèce que les dis-
ciples d'Esculape ne peuvent utiliser. Son nom vient
de spire, tourner.

STATICÉE MARITIME. Sympathie. — Son
nom vient du grec *statikos*, arrêter. Elle a la vertu
de retenir les sables par ses racines, et fait ainsi
une espèce de digue naturelle à l'envahissement des
eaux.

STRAMOINE (V. Datura). **Fausseté.**

STRAMOINE FASTUEUSE. Déguisement. —
Les feuilles de la stramoine servirent de masques
dans les beaux jours du carnaval des anciens.

SYRINGA. Amour fraternel. — Espèce de myrte qui répand un parfum semblable à celui de l'oranger. Ses branches entrelacées fraternellement le firent consacrer à Ptolémée Philadelphe, qui fut non-seulement un bon roi, mais encore le meilleur des frères, et les Latins désignèrent le syringa sous le nom de *Philadelphus coronarius*, couronne de l'amitié fraternelle.

T

TAMINIER COMMUN. J'implore votre appui. — Cet arbre, originaire de Barbarie, croît avec peine et a besoin d'être soutenu; aussi en a-t-on fait le synonyme de faiblesse.

THYM. Activité. — Cette plante aromatique possède une grande vertu; son parfum ravive et rajeunit le cerveau des vieillards; elle lui donne une activité nouvelle : aussi est-il juste que le thym soit l'emblème de l'activité.

TIGRIDÉE. Cruauté. — Cette plante, qui tire son nom de l'espèce féline, à cause des taches dont sa corolle est mouchetée comme la peau de plusieurs espèces du genre tigre, en a mérité aussi l'emblème terrible et cruel.

TILLEUL. Amour conjugal. — Cet arbre, ornement de la campagne, joint l'utile à l'agréable.

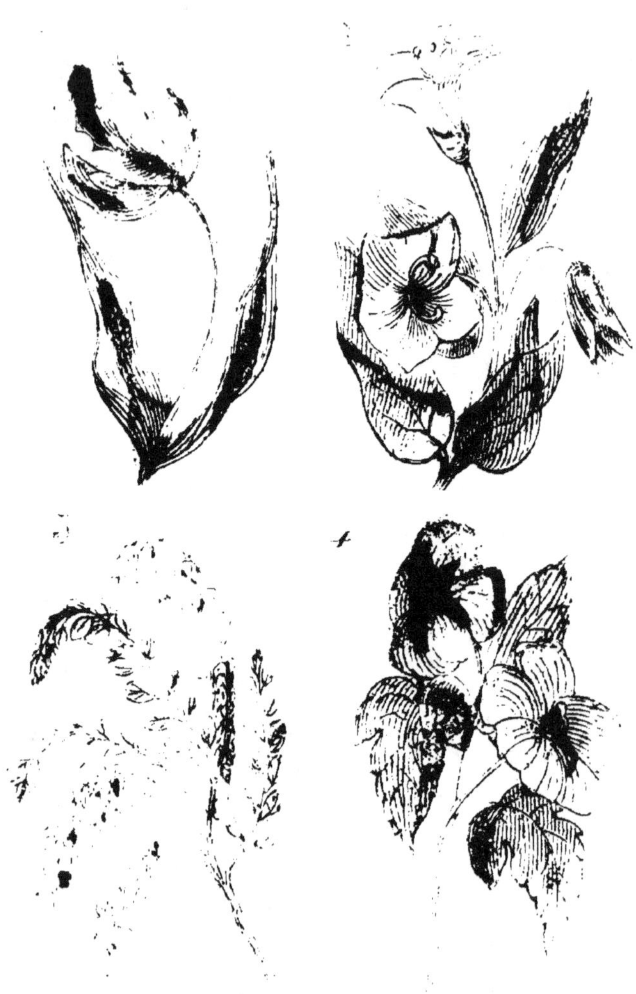

1 Germin. p. 91.   2 Fruit et var. p. 20
3 Sachet. p. 9.   4 Germina. p. 30

Qui n'a reçu de sa bonne mère une infusion de tilleul à l'heure des migraines et des indispositions?
C'est sous son ombrage que l'on aime à respirer la
vie par le frémissement de ses feuilles soyeuse; et, s'il
est l'emblème de l'amour conjugal, souvenez-vous
de Philémon et Baucis, qui furent changés en tilleul.

TRÈFLE. Doute. — Le trèfle est-il l'emblème
du doute parce qu'on peut le confondre avec la jolie
fraise, ou parce que le trèfle, un des quatre pouvoirs
du nécromancien, fait douter de la science ardue et
hypothétique?

TROENE. Jeunesse et défense. — Cet arbre,
dont les jolies fleurs blanches ressemblent au lilas,
a un parfum de grâce et de jeunesse, et pourtant ses
tendres rameaux servent à grossir les haies, ces dé-
fenses aiguës de la propriété.

TRUFFE. Surprise. — Quoi de plus surprenant,
en effet, qu'une plante qui croît sans racines, sans
tiges et sans feuilles! personne n'a pu encore découvrir le mystère de sa reproduction. Quel en sera
le Colomb? un Périgourdin bien sûr. C'est elle qui
inspira à Molière le nom du Tartufe, en entendant
à un grand dîner un Italien dire : *Tartuffoli*, signor,
Tartuffoli.

TUBÉREUSE. Volupté. — Le parfum enivrant de
la tubéreuse est fort dangereux et peut causer la mort,
et pourtant cette fleur, originaire d'Orient, répand un
parfum suave. N'est-elle pas, à juste titre, l'emblème
de la volupté qui tue et cependant qui enivre?

TULIPE. **Magnificence**. — Que dire de la tulipe? qu'elle fut autrefois la folie des Hollandais, qui se ruinèrent et s'enrichirent avec un pied de cette plante. En Orient, de nos jours encore, on célèbre la fête des Tulipes, et le turban n'est qu'un tulipan ou tulipe; ils en sont donc coiffés, comme on dit vulgairement. En France, autrefois, on plaçait un billet dans la tulipe; aujourd'hui on le met dans un bouquet; c'est toujours le serpent sous les fleurs, et les femmes sont toujours filles d'Ève. Aussi méfiez-vous de la tulipe dont les charmes peuvent être dangereux.

> Oui, je suis la tulipe, une fleur de Hollande,
> Et telle est ma beauté, que l'avare Flamand
> Paye un de mes oignons plus cher qu'un diamant,
> Si mes fonds sont bien durs, si je suis droite et grande.
> Mon air est féodal, et comme une Yolande,
> Dans sa jupe à longs plis étoffée amplement,
> Je porte des blasons peints sur mon vêtement,
> Gueule, fascé d'argent, or avec pourpre en bandes.
> Le jardinier divin a filé de ses doigts
> Les rayons du soleil et la pourpre des rois,
> Pour me faire une robe à trame douce et fine.
> Nulle fleur du jardin n'égale ma splendeur,
> Mais la nature, hélas! n'a pas versé d'odeur
> Dans mon calice fait comme un vase de Chine.
>
> H. DE BALZAC.

TULIPE VIERGE. **Début littéraire**. — Je la dédie celle-là aux jeunes auteurs qui n'ont pas encore de parfum; qu'ils commentent l'immortel Balzac, et peut-être... Mais les chemins sont épineux, et plus d'un élève plante une tulipe et ne recueille qu'un oignon.

TUSSILAGE ODORANT. Fermeté. justice.— Cette jolie plante composée, qui fleurit presque en même temps que la perce-neige, fut longtemps inconnue; mais aujourd'hui on lui a rendu justice, et elle fait l'ornement de nos jardins, où elle est surtout recherchée à cause de son parfum de vanille.

U

URTICA. Cruauté (V. Ortie.)

V

VALÉRIANE ROUGE. Facilité. — Cette plante toute champêtre est originaire des Alpes; elle croît avec facilité, et sa parure un peu négligée lui donne un laisser-aller tout à fait campagnard qui lui sied à merveille.

VÉLAR. Hommage d'amour.— Cette plante est aussi nommée *herbe aux chantres*. Est-ce parce que le chant est déjà de l'amour, qu'on a donné au vélar son noble attribut?

VERGE D'OR. Protégez-moi.

VÉRONIQUE ÉLÉGANTE. **Fidélité.**— Sa fleur a la couleur de la centaurée; son fruit a la forme d'un cœur. Son nom signifie image fidèle; elle peut donc, à juste titre, être l'emblème de la fidélité.

VERVEINE. **Enchantement.**—Jolie petite plante à fleurettes bleues, blanches ou violettes, et qui, de tout temps, était consacrée aux mystères des cultes ou des enchantements. Les druides la mêlaient avec le gui sacré, afin de prédire l'avenir. La verveine remplaçait la branche d'olivier parfois chez les Romains, et, de nos jours, les faux sorciers de nos campagnes ont encore une grande vénération pour la verveine.

VIGNE. **Ivresse.** — Depuis Noé, qui l'a plantée, jusqu'à Dupont, tous les poëtes ont célébré la vigne. Est-ce la vigne aux pampres dorés ou plutôt tout simplement le vin que l'on chante? Je crois que l'amitié qu'on a pour la mère est bien intéressée. Bref, si nos coteaux n'étaient pas fleuris, et si les vins de France n'étaient pas les plus frais et en même temps les plus généreux du monde, peut-être serions-nous aussi spleenétiques que nos voisins d'outre-Manche. Bénissons donc la vigne qui nous donne la gaieté, la franchise et surtout l'éternelle jeunesse.

VIOLETTE BLANCHE. **Candeur.** — La violette blanche, qui est la plus simple des fleurs, porte sur son front l'image de la pureté et de la candeur.

VIOLETTE ODORANTE. **Modestie.** — Elle est modeste, en effet, cette charmante violette qui cache sa tête mignonne dans les touffes de gazon ; mais son parfum la fait bientôt découvrir.

Chacun a sa fleur préférée. Je les aime toutes ; mais je préfère la violette, car elle me rappelle les plus beaux jours de mon printemps. Je ne suis pas la seule, n'est-ce pas, chères lectrices? Et plus d'un pauvre petit bouquet de violettes se trouverait, si l'on ouvrait les tiroirs de votre commode. J'ai connu un vieux monsieur qui avait conservé tous les bouquets de violettes qu'il avait dérobés, et il les avait mis dans ses livres; chaque volume de sa bibliothèque en était garni, et c'était vraiment triste à voir que toutes ces pauvres momies qu'un souffle réduisait en cendres; mais : *tu es pulvis*, nous dit-on.

Modeste en ma couleur, modeste en mon séjour,
Franche d'ambition, je me cache sous l'herbe;
Mais, si sur votre front je puis me voir un jour,
La plus humble des fleurs sera la plus superbe.
RÉGNIER DESMARAIS.

VIORNE. **Je meurs si on me néglige.** — Arbuste coquet, originaire d'Espagne; il fleurit dans la mauvaise saison, mais demande mille soins délicats ; à la moindre négligence il périt : aussi est-il bien l'emblème de l'amitié.

VIPÉRINE. **Justice**. — Cette plante doit son nom à la ressemblance étrange qu'ont ses semences avec la tête d'une vipère.

VOLUBILIS. Attachement. — C'est le nom générique donné aux lianes de nos climats, qui s'élèvent gracieusement autour des treillis qu'on leur tend et dont les clochettes blanches et bleues ressemblent à de petits vases destinés à recueillir la rosée.

X

XANTHORÉE. Utilité. — Cette plante, originaire de la Nouvelle-Hollande, est d'une grande utilité pour les habitants de ce pays, car ils font mille usages de la résine qu'elle produit, et de ses épis ils font une épaisse liqueur qu'ils trouvent fort agréable.

XYLOSTON. Lien d'amour. — C'est une espèce de chèvrefeuille des buissons.

Y

YÈBLE. Reconnaissance. — Les fleurs de cette plante, qui ressemble au sureau, forment un parasol élégant; elles exhalent l'odeur de la pâte d'amandes.

YUCA. Grandeur. — Plante de l'Équateur semblable à l'aloès et qui supporte une touffe de fleurs blanches épineuses. Cet arbre acquiert parfois de grandes perfections.

Z

ZALIA. **Joli**. — Joli arbre du Cap dont les fleurs bleues croissent sur les feuilles.

ZÉPHIRANTE. **Inconstance**. — Cette plante, originaire de la Havane, s'appelle aussi *fleur de Zéphyr*. Ses feuilles, supportées par des faibles hampes, sont d'une légèreté et d'une mobilité telles qu'elles semblent se balancer au souffle des zéphyrs inconstants.

ZINNIA. **Simplicité**. — La Zinnia pauciflore a de jolies fleurs semblables à celles de l'œillet d'Inde, et la zinnia multiflore possède de jolies fleurs rouges qui, malgré leur simplicité, n'en sont pas moins le charme de nos jardins.

CALENDRIER DE FLORE.

Janvier	. Ellébore noir.
Février.	... Daphné bois gentil.
Mars	. Soldanelle des Alpes.
Avril	... Tulipe odorante.
Mai	. Spirée Filipendule.
Juin	.. Pavot coquelicot.
Juillet	.. Chironie, petite centaurée.
Aout	.... Scabieuse.
Septembre	... Cyclame d'Europe.
Octobre	.... Millepertuis de la Chine.
Novembre	.. Xyménésie encéloïde.
Décembre	. Lopésie à grappes.

HORLOGE DE FLORE.

Minuit.	Le cactier à grandes fleurs.
Une heure.	Le lacieron de Laponie.
2 —	Le salsifis jaune.
3 —	La grande dieride.
4 —	La cripide des toits.

5 heure   L'émérocalle fauve.
6   ---   L'épervière frutiqueuse.
7   ---   Le souci pluvial.
8   ---   Le mouron rouge.
9   ---   Le souci des champs.
10   --   La ficoïde napolitaine.
11   ---   L'ornithogale.

Midi.   La ficoïde glaciale.
Une heure.   L'œillet prolifère.
2   ---   L'épervière piloselle.
3   ---   Le pissenlit taraxacoïde.
4   ---   L'alysse alystoïde.
5   ---   La belle de nuit.
6   ---   Le géranium triste.
7   ---   Le pavot à tige nue.
8   ---   Le liseron droit.
9   ---   Le liseron linéaire.
10   --   L'hipomée pourpre.
11   --   Le silène fleur de nuit

LA BOTANIQUE

A VOL D'OISEAU

Chères Lectrices,

Permettez-moi de vous donner en six lignes un résumé de la botanique, et, quand vos grands frères vous regarderont du haut de leur science, s'ils vous parlent la langue de la botanique, envoyez-les au Jardin des plantes, ou bien répondez-leur dans cette langue, et ils seront bien attrapés, je vous l'assure.

RACINES.

La *racine* est cette partie de la plante qui descend au sein de la terre ; c'est elle qui, par ses extrémités, aspire la plus grande partie de sa nourriture.

Il y a des végétaux qui, n'ayant ni feuilles ni tiges, semblent n'être que de simples racines : telle est la *truffe*.

D'autres vivent aux dépens des autres plantes : le *gui* est une de ces plantes parasites.

D'autres enfin flottent avec leurs racines sur la surface des eaux.

L'endroit qui sépare la racine de la tige s'appelle *collet* ou *nœud vital*.

Puis vient le *corps* de la racine.

Puis la racine se divise en filaments nommés *chevelus* ou *radicelles*.

Il y a des racines annuelles, bisannuelles et vivaces.

Les racines forment quatre groupes principaux :

Les racines pivotantes : la carotte ;

Les racines fibreuses : le chiendent ;

Les racines tuberculeuses : la pomme de terre ;

Les racines bulbeuses : les oignons.

TIGE.

La *tige* est cette partie de la plante qui s'élève dans l'air.

Elle est généralement garnie de branches, de feuilles, de fleurs et de fruits.

La tige est ou ligneuse, c'est-à-dire formée de bois, ou herbacée, comme les herbes.

Il y a quatre espèces de tiges, savoir :

Le tronc, le stipe, le chaume et la tige.

Le tronc, dont la tige est ligneuse, s'amincit en s'é-

levant ; à une certaine hauteur il se divise en branches et en rameaux.

Il est composé de l'écorce, du corps ligneux et de
la moelle : tels sont les chênes et les ormes.

Le stipe a la tige fibreuse, droite et presque cylin-
drique, et n'a qu'une très-légère écorce à son extrémité supérieure ; il est garni d'un bouquet de feuilles
et de fleurs : tels sont les palmiers.

Le chaume est la tige du blé ; il est renforcé de
distance en distance par des nœuds ; les feuilles sont
minces et pointues, et sont roulées autour de la
tige.

La tige se rencontre dans les herbes ; il ne faut pas
la confondre avec la hampe ou support de la fleur.

La tige est très-capricieuse et possède une grande
variété de formes.

Les plantes ont encore quelques parties accessoires, comme les stipules qui prolongent le développement de certaines fleurs : les vrilles, les crampons,
servent aux feuilles-tiges pour grimper après les ob-
jets qui les entourent ; il y a aussi les épines et les
aiguillons.

La séve est le sang de la plante ; elle coule dans
ses vaisseaux ; arrivée à l'extrémité, elle produit ce
qu'on appelle la transpiration ; ce que l'on confond
avec la rosée.

Les plantes possèdent aussi une vertu respiratoire,
c'est-à-dire qu'elles rejettent les gaz qui nuisent à
leur organisation.

Le cambium est le nom donné à la séve quand, après être parvenue dans les feuilles, elle se dirige des feuilles vers les racines ; c'est lui qui, s'épaississant par degré, finit par former les couches d'aubier et de liber.

De certains arbres, comme du pin et de l'épicéa, découlent des liquides plus ou moins épais : des gommes, des résines, des huiles, c'est ce qu'on appelle des excrétions végétales.

FEUILLES.

Les *feuilles* naissent sur la tige, les rameaux ou la racine.

L'ensemble de la feuille est formé par les ramifications des fibres de chaque plante.

Ces fibres ou nervures, en se croisant, forment des espèces de mailles remplies par un tissu cellulaire appelé parenchyme.

La feuille est portée quelquefois par une queue légère appelée pétiole.

La feuille est sessile quand elle naît immédiatement de la tige, comme dans le blé.

Certains végétaux n'ont pas de feuilles.

Les feuilles décomposent l'air en y prenant leur nourriture et sont des espèces de racines aériennes.

Chaque feuille a deux surfaces : la surface supérieure est plus ferme, plus polie et plus brillante.

La surface inférieure est terne et assez souvent cotonneuse.

Les feuilles sont simples ou composées.

Les feuilles simples sont celles qui ne possèdent qu'une seule lame, et les feuilles composées sont formées de la réunion de plusieurs feuilles.

Les feuilles offrent une foule de variations.

Elles sont capillaires, dentées, pennées, digitées, lancéolées, gladiées, sagettées, etc.

Les feuilles sont alternes lorsqu'elles sont disposées en spirale autour de la tige ;

Opposées, lorsqu'elles sont vis-à-vis l'une de l'autre ;

Et verticillées lorsqu'elles viennent comme des anneaux en ligne horizontale autour de la tige.

FLEUR.

La fleur qui possède les étamines, les pistils, le calice et la corolle, est une fleur complète.

La fleur est incomplète quand elle ne les possède pas entièrement.

La fleur est pédonculée lorsqu'elle est supportée par une queue, et, comme la feuille, elle est sessile quand elle croit sur la tige ou les rameaux.

Le périanthe ou périgane est le nom donné aux organes accessoires qui enveloppent la fleur.

Le périanthe simple porte le nom de calice.

Quand il est double, l'enveloppe intérieure se nomme corolle, et l'enveloppe extérieure conserve le nom de calice.

Les bractées sont le nom de petites feuilles qui entourent la fleur.

On appelle spathe les bractées ou involucres qui recouvrent la fleur avant son épanouissement.

Les fleurs sont disposées en épi, en grappe, en thyrse, en corymbe, en cime et en ombelle.

Le calice placé à l'extrémité du pédoncule est composé de plusieurs pièces appelées sépales.

Lorsqu'il est composé d'une seule pièce, il est appelé monosépale ; et polysépale s'il est composé de plusieurs.

La corolle peut être composée d'une ou de plusieurs pièces appelées pétales ; elle est, pour cette raison, monopétale ou polypétale.

La corolle possède une grande variété de formes.

Elle est rosacée, papillonacée, personée, labiée, tubulée, caryophillée, etc.

Les étamines sont les filaments situés entre la corolle et le pistil.

Elles servent, avec ce dernier, à la reproduction de la plante.

L'étamine est formée de trois parties :

L'anthère, le pollen et le filet.

L'anthère, semblable à une petite capsule, occupe la partie supérieure de l'étamine ; elle contient une poussière très-fine, qui est le pollen ou poussière fécondante généralement de couleur jaune ; et le filet est le pédicule qui soutient l'anthère.

Le pistil se trouve dans le centre de la fleur.

Il est formé du stigmate, du style et de l'ovaire.

L'ovaire est la partie inférieure du pistil, il renferme la semence. Son prolongement délié n'est autre que le style qui supporte le stigmate.

FRUIT.

Lorsque l'ovaire d'une fleur est arrivé à son état complet, il s'appelle fruit.

Il est composé de deux parties : le péricarpe et la graine.

La graine contient le germe, et le péricarpe sert d'enveloppe à la graine.

Il y a sept espèces de fruits :

La capsule, la silique, la gousse, le fruit à noyau, le fruit à pepins, la baie et le cône.

La capsule est un fruit dont l'enveloppe sèche et membraneuse contient les graines, comme le pavot.

La silique, fruit plus long que large, est composée de deux pièces; les graines sont attachées alternativement des deux côtés et parfois séparées par une même cloison : telle est la silique qui renferme la graine du chou.

La gousse ou légume est formée de deux cosses, et varie beaucoup ses formes.

Le fruit à noyau est composé d'une chair molle, renfermant un noyau dans lequel se trouve une amande : telle est la cerise.

Le fruit à pepin possède au centre de petites cloisons membraneuses renfermant les pepins : telle est la pomme.

La baie est un fruit dont la graine a la forme de petits pepins, comme le raisin.

La cône s'élève en pyramide ; il est composé d'écailles appliquées les unes sur les autres, et attachées à un axe commun par une de leurs extrémités.

GRAINE.

La graine offre deux parties :

Les téguments, qui servent à la protéger ;

L'amande, qui renferme le germe.

Dans le germe, on distingue la plante en diminutif, la radicule, qui sera la racine ; la plumule, qui sera la tige ; et les cotylédons, qui seront les feuilles.

CLASSIFICATION DES PLANTES.

Il y a deux méthodes principales : la méthode artificielle, créée par Tournefort, botaniste français du
dix-septième siècle, perfectionnée par Linné, bota-
niste suédois du dix-huitième; et la méthode naturelle, due à MM. Bernard et Laurent de Jussieu, botanistes de la fin du dix-huitième siècle. Celle de
Jussieu ayant prévalu, c'est celle-là que je vais vous
esquisser.

Elle comprend trois divisions :

Les acotylédones (sans cotylédons);

Les monocotylédones (à un seul cotylédon);

Les dicotylédones (à plusieurs cotylédons).

Première classe.

Les graines de la première classe ne renferment pas de
cotylédons, ou ils sont invisibles; fleur inconnue.

Familles principales :

Les CHAMPIGNONS, parmi lesquels on peut citer la
truffe.

Les ALGUES, qui renferment les *varechs*, la *mousse de
Corse*.

Les MOUSSES.

Les LICHENS.

Les FOUGÈRES, le *capillaire*.

Deuxième classe.

Les graines de la deuxième classe possèdent un seul
cotylédon; les étamines sont insérées sous le pistil.

Familles principales :

Les Graminées, qui possèdent le *froment*, le *seigle*,
l'*avoine*, l'*orge*. le *riz*, le *roseau*, le *chiendent* et la
canne à sucre.

Les Typhinées ou Masettes, grands roseaux dont les
tiges sont nues.

Troisième classe.

Les graines de la troisième classe possèdent un seul
cotylédon; étamines attachées au calice.

Familles principales :

Les Palmiers, renfermant les *cocotiers*, les *dattiers*
et *sagoutiers*.

Les Liliacées (six étamines, fruit à capsule), où l'on
trouve la *tubéreuse*, le *lis*, l'*aloès*, la *jacinthe*. la
tulipe et l'*oignon*.

Les Asparaginées (tige herbacée. fruit en baie rouge).
— Le *muguet*, l'*asperge* et la *salsepareille*.

Les Joncées. — Les *joncs*.

Les Colchicacées. — Les *colchiques*.

Quatrième classe.

Les graines de la quatrième classe possèdent un seul cotylédon; étamines attachées au pistil.

Familles principales :

Les IRIDÉES (racines tubéreuses, fruit à capsule). — *Iris, safran, glaïeul.*

Les NARCISSÉES (racines bulbeuses ou en forme d'oignons, la fleur a six étamines au lieu de trois). — *Narcisses, perce-neige, amaryllis.*

Les ORCHIDÉES (tige herbacée, feuilles alternes et sessiles, fleur en épi). — *Vanille, orchis et salep.*

Les BANANIERS. — Les *bananiers*.

Les BASILIERS. — Le *gingembre*.

Les HYDROCHARIDÉES (herbacées et aquatiques). — *Nénuphar*.

Cinquième classe.

Les graines de la cinquième classe possèdent deux cotylédons; fleurs sans pétales; étamines attachées au pistil.

Familles principales :

Les ARISTOLOCHÉES, renfermant les *clématites*

Sixième classe.

Les graines de la sixième classe possèdent deux cotylédons; fleurs sans pétales; étamines attachées au calice.

Familles principales :

Les LAURINÉES. — Le *laurier*, la *cannelle*, la *muscade*, le *camphre*.

Les POLYGONÉES. — La *rhubarbe*, l'*oseille* et le *sarrasin*.

Les THYMÉLÉES. — Le *bois gentil*.

Les ARROCHÉES. — L'*épinard* et la *betterave*.

Les ÉLÉAGNÉES.

Septième classe.

Les graines de la septième classe possèdent deux cotylédons; fleurs sans pétales; étamines sous le pistil.

Famille principale :

Les AMARANTACÉES. — La *célosie*, *crête de coq*.

Huitième classe.

Les graines de la huitième classe possèdent deux cotylédons; fleur à un seul pétale; corolle sous le pistil.

Familles principales :

Les SOLANÉES. — *Mandragore, belladone, tomate,*

aubergine, piment, pomme de terre et *tabac.*

Les Jasminnées. — *Lilas, frêne, jasmin, olivier.*

Les Labiées. — Le *thym,* le *serpolet,* la *sauge,* la *menthe* et la *mélisse.*

Les Plantaginées. — Le *plantain.*

Les Nyctaginées. — Les *belles-de-nuit.*

Les Plombaginées. — La *dentelure.*

Les Lysimachées. — Le *mouron,* l'*oreille d'ours.*

Les Acanthacées. — L'*acanthe* ou *brancartine.*

Les Personées. — La *digitale.*

Les Borraginées. — Le *myosotis,* l'*héliotrope* et la *bourrache.*

Les Convolvulacées. — Le *liseron.*

Les Apocinées. — La *pervenche* et le *laurier-rose.*

Neuvième classe.

Les graines de la neuvième classe possèdent deux cotylédons; fleurs à une corolle d'un seul pétale; corolle attachée au calice.

Familles principales :

Les Ébénacées. — L'*ébène.*

Les Éricacées. — Les *bruyères.*

Les Campanulacées. — La *raiponce,* le *lobelia,* violent poison.

Dixième classe.

Les graines de la dixième classe possèdent deux cotylédons; fleurs à une corolle; pétale attaché au pistil.

Familles principales :

Les CHICORACÉES.—*Laitue, salsifis. chicorée. pissenlit.*

Les CYNAROCÉPHALES. — *Artichaut. chardon, bluet. absinthe.*

Les RADIÉES ou CORYMBIFÈRES.—*Dahlia. aster. œillet d'Inde, souci. marguerite, camomille. etc.*

Onzième classe.

Les graines de la onzième classe possèdent deux cotylédons, fleurs à une corolle d'un pétale; corolle attachée au pistil; anthères distinctes.

Familles principales :

Les RUBIACÉES. — *Quinquina. caféier. ipécacuanha. garance. bois de fer.*

Les CAPRIFOLIACÉES. — *Chèvrefeuille, gui, lierre. cornouiller. hortensia.*

Les DIPSACÉES. — *Scabieuse. doucette, chardon à foulon.*

Douzième classe.

Les graines de la douzième classe possèdent deux cotylédons; fleurs à une corolle de plusieurs pétales; étamines attachées au pistil.

Famille principale :

Les OMBELLIFÈRES. — *Persil, cerfeuil, carotte, fenouil, ciguë, anis, angélique.*

Treizième classe.

Les graines de la treizième classe possèdent deux cotylédons; fleurs à une corolle de plusieurs pétales; étamines insérées sous le pistil.

Familles principales :

Les RENONCULACÉES. — *Bouton d'or, pivoine, renoncule, anémone, pied-d'alouette, aconit, ellébore.*
Les PAPAVÉRACÉES. — *Pavots.*
Les CRUCIFÈRES. — *Pastel, giroflée, corbeille d'or, chou, navet, cresson, colza, moutarde.*
Les CAPRIERS. — *Réséda.*
Les ÉRABLES. — *Sycomore.*
Les GUTTIFÈRES. — *Gomme-gutte.*
Les AURANTIACÉES. — *Camellia, thé, citronnier, oranger.*

Les Ampélidées. — *Vigne.*

Les Géraniées. — *Capucine, géranium, balsamine.*

Les Malvacées. — *Cotonniers, baobad, guimauve, cacaoyer.*

Les Tiliacées. — *Tilleul.*

Les Caryophylées. — *OEillet, lin, mouron.*

Les Cystées. — *Violette, pensée.*

Quatorzième classe.

Les graines de la quatorzième classe possèdent deux cotylédons; fleurs à une corolle de plusieurs pétales; étamines attachées au calice.

Familles principales :

Les Légumineux. — *Haricot, lentille, trèfle, luzerne, acacias, casse, séné, réglisse, bois de campêche.*

Les Rosacées. — *Rosier, pommier, poirier, abricotier, cerisier, fraisier, amandier, prunier.*

Les Cactiers. — *Cactus, nopal, cactier.*

Les Grossulariées. — *Groseiller.*

Les Myrtées. — *Grenadier, giroflier, myrte, seringat.*

Les Térébinthacées. — *Acajou, noyer, balsamier.*

Les Rhamnoïdées. — *Fusain, houx, jujubier.*

Quinzième classe.

Les graines de la quinzième classe possèdent deux cotylédons; fleurs sans pétales; étamines séparées du pistil.

Familles principales :

Les URTICÉES. — *Ortie, figuier, poivrier, mûrier. houblon, chanvre.*

Les AMENTACÉES. — *Chêne, peuplier, frêne, châtaignier, saule, charme, hêtre, platane.*

Les CONIFÈRES OU ARBRES VERTS. — *Sapin, pin, mélèze, if, cèdre, déodora, genièvre.*

Les EUPHORBIACÉES. — *Buis, ricin, manioc, mancenillier.*

Les CUCURBITACÉES — *Courge, citrouille, concombre, melon, potiron, pastèque.*

FIN

TABLE

FIN DE LA TABLE.